科学家妈妈讲“大国重器”

乘“雪龙”去南极

唐立梅——著

中国妇女出版社

图书在版编目（CIP）数据

乘“雪龙”去南极 / 唐立梅著. -- 北京 ：中国妇女出版社，2025. 5. --（科学家妈妈讲“大国重器”）.

ISBN 978-7-5127-2449-5

Ⅰ. N816.61-49

中国国家版本馆CIP数据核字第20241AM949号

责任编辑：肖玲玲

封面设计：介末设计

特约校审：罗诗语　李　倩

责任印制：李志国

出版发行：中国妇女出版社

地　　址：北京市东城区史家胡同甲24号　　邮政编码：100010

电　　话：（010）65133160（发行部）　　65133161（邮购）

网　　址：www.womenbooks.cn

邮　　箱：zgfncbs@womenbooks.cn

法律顾问：北京市道可特律师事务所

经　　销：各地新华书店

印　　刷：北京中科印刷有限公司

开　　本：165mm × 235mm　1/16

印　　张：12

字　　数：180千字

版　　次：2025年5月第1版　　2025年5月第1次印刷

定　　价：69.80元

序言

地球之南

相对宇宙的浩渺来说，南极离我们并不遥远，当我站在南极中山站，看到矗立的标牌上写的与杭州之间的距离，也就1万多千米。1990年，“旅行者1”号从64亿千米外拍摄的地球，只是一个暗淡蓝点，而这1万多千米的距离，只是点中点。但对生活在这个暗淡蓝点上的碳基生命来说，对长期生活在亚洲大陆的我们来说，南极是那样的遥不可及，那样的令人向往。无论南极还是深海，都是常人难以到达的，而作为体验过这些地球极端环境的一名科考队员，我无疑是十分幸运的，成为媒体眼中到达地球四极（一般是指南极、北极、珠穆朗玛峰和马里亚纳海沟）中两极的第一位中国女性。除了完成好航次任务、做好科学研究工作，我还有一个使命，就是向青少年描述这些神奇的经历，点燃他们的科学探索热情，吸引他们加入国家建设海洋强国的重大战略规划中。

这本书是中国妇女出版社策划出版的“科学家妈妈讲‘大国重

器'”丛书中的一本，这系列的书还有《随“蛟龙”探深海》《携“北斗”闯世界》《跟“嫦娥”去探月》等，它们服务于国家重大战略研究计划，凝聚了一线科学家的智慧，将科学前沿知识带给青少年，为后备人才的成长积蓄力量，努力为高精尖人才培养作出贡献。

在青少年科普工作中，科学前沿知识的科普尤为重要，深海、深地、深空都是国家重点发展的领域。真实的一线科考工作为社会所知甚少，但科学成果属于全社会，科学家应该向社会介绍该研究的价值和意义，让社会了解前沿科学进展，形成全社会关心科学问题的氛围，为提高全社会科学素质提供助力。

青少年正处于树立人生远大理想的关键时期，理想对一个人来说无比重要，尤其是在青少年时有了远大的理想，就会有源源不断的学习动力。当科研一线的科学家站在他们面前，向他们展示科考中的诗和远方，向他们展示科学的魅力以及科学家的生活时，他们会产生向往，在心中种下科学的种子。

对青少年的科普不仅关乎知识的传递，更涉及科学思维的培养与未来创新能力的激发。青少年时期是认知发展的关键阶段，他们好奇心旺盛，求知欲强，是进行科普教育的黄金时期。科普能帮助青少年建立科学的世界观和方法论。通过了解自然界的奥秘、科学技术的原理及其在社会中的应用，青少年能够逐渐认识到科学的价值，学会用科学的眼光观察世界，用理性的思维分析问题。这有助于他们形成严谨的逻辑推理能力和批判性思维，为日后的学习和生活打下坚实的基础。

同时，一线科学前沿的知识科普还能激发青少年的创新精神和创造力。科学探索的过程往往充满未知与挑战，它鼓励人们不断尝试、勇于探索。青少年在接触科普知识的过程中，会被科学家的故事、科学发现的历程所感染，从而燃起对科学的热爱和对未知世界的好奇。这种热爱和好奇将驱动他们不断思考、创新，为未来的科技发展贡献自己的力量。

基于这些考虑，我和另外几位女科学家非常开心地接受了出版社的邀约，参与到这个系列图书的创作中。

南极，对很多人来说，或许只是企鹅、海豹、磷虾、无尽的冰川和极寒的空气。然而我知道，南极大陆已经有38亿年的历史，在地球最早期大陆形成时，南极板块就已经存在。地球板块汇聚在一起成为超级大陆，又渐渐裂解，漂移各处，分分合合，合合分分。南极板块曾经在赤道待过，中生代时，它有过茂密的森林，有过各种活蹦乱跳的动物，最后才漂移到南纬地区，开始冰封。经过漫长的地质演化，原来的动植物形成了后来的煤、石油、天然气等200多种矿产资源。南极的矿产资源非常丰富，吸引着各国争相去南极开展科学考察。

我国对南极的科考始于1984年，其时，南极大陆迎来首批20多位中国科学家。2024年是中国南极科学考察40周年，40周年辉煌历程，我们已经在南极建立了5个科考站：中山站、泰山站、长城站、昆仑站和秦岭站。秦岭站于2024年竣工，初始建站是2017年，当时叫作罗斯海新站。2017年，我加入中国第34次南极科学考察队，当时科考队的任务之一就是建设科考站。这次科考虽然已经过去7年了，但依然历历在目，和队友们的友谊也一直未变，每每回忆起在南极度过的点点滴滴，我都不禁扬起嘴角。毕竟这种经历难得，让人终生难忘。

南极常年冰雪覆盖，每走一步都会有一个深深的雪窝，极寒的天气、极强的紫外线，还有隐藏的冰裂缝，都使得考察工作困难重重。但我们也能看到常人难以见到的美景，我看到了荷叶冰，它让我想起西湖的荷叶，“接天莲叶无穷碧”“江南可采莲，莲叶何田田”。我看到了绚丽的极光，让我想到曹操的“星汉灿烂，若出其里”。当我站在万里之外的南极中山站，看到五星红旗高高飘扬，我深深地为祖国骄傲，我身后是伟大的祖国，我们身处伟大的时代，正是因为祖国的强大和时代的进步，我们才有机会乘“蛟龙”探海，搭“雪龙”破冰。能把个人理想融入民族复兴的伟大征程，参与祖国科技强国的建设，我觉得非常幸运。

也祝愿所有青少年以梦为马，不负韶华，实现一个又一个伟大梦想。

最后，感谢提供珍贵照片的刘少甲、白国龙、李航、张体军等南极队友，尤其是一起参与中国第34次科学考察的南极队友们，向你们致敬！

唐立梅

2024年12月19日

目录

第一章

遥远的南极

第二章

为什么要去南极科考

第五章

南极科考的故事

第六章

如何成为南极科考队员

第一章

遥远的南极

曾经，古希腊人想象，

在未知的南方大陆，

有着无数奇珍异兽，

自然的法规也许是颠倒的，

这是地球上最神秘的地方。

提到南极，我们的脑海中往往会浮现出这样的景象：被茫茫冰雪覆盖的广袤大地上有憨态可掬的企鹅。但这只是南极的一部分，真实的南极远不止冰雪和企鹅——它还拥有那些被时间遗忘的山谷、秘不示人的湖泊，以及水往高处流的瀑布……

这片冰雪覆盖下的神秘大陆，宛如一颗从未向世人展示过的明珠，被人们称为“第七大陆”。它是地球上最后一片被发现、唯一没有人员定居的大陆。在这片大陆的腹地，人类无以为生，没有食物，没有住所，没有燃料，没有液态水，虽然有冰川，但它亘古不化，似乎在守护着这片荒凉而又神秘的净土。

01　南极的地理位置

南极位于地球的最南端，四周被浩瀚的海洋所包围，与其他大陆被茫茫大海隔绝开来。人类在尚未踏足这片神秘的土地时，就曾大胆猜测，世界尽头或许存在某片未知的大陆。

早在公元前 4 世纪，古希腊哲学家亚里士多德就提出了对于南半球的猜想。随着时间的推移，在大航海时代之前，学者、诗人和小说家曾幻想未知的南方大陆上居住着奇异的种族，或隐藏着未发现的秘密。在 19 世纪，一些科幻作家更是想象那里存在通向地球内部空心世界的入口。

准确来说，南极是指地球南纬 60° 以南的广大区域，其中包括南极洲和环绕其周围的南大洋。南极地区包含地理南极（南地极）和南磁极，但南磁极的位置会随时间变化而发生变化，可能不在南极大陆上。

南极洲广袤无垠，包括了南极大陆、延伸的陆缘冰，以及散落在其周围的岛屿，总面积约为 1400 万平方千米。具体来说，南极大陆自身的面积为 1232 万平方千米，而覆盖大陆边缘的陆缘冰则扩展了 160 万平方千米，周围的小岛加起来的面积则是 7.6 万平方千米。如此大面积的土地约占世界陆地总面积的 9.4%。这片神秘而壮丽的区域无疑是地球上独一无二的瑰宝之一，在广袤苍茫的白色中流露出一种无法言喻的纯粹和寂静。

南极的帝企鹅和阿德雷企鹅

在地球仪上，我们可以更加直观地领略到，南极大陆仿佛是地球的底端。当我们将地球仪上下颠倒细细打量时，会发现南极大陆的轮廓如同一只巨大的圆盘。那被罗斯海和威德尔海深深侵蚀的两个海湾，仿佛为这圆盘描绘了优美的曲线，打破了其完美的圆形。再加上那如同龙蛇般蜿蜒的南极半岛，从大陆延展而出，长达 1400 千米，为整个大陆增添了几分雄奇之美。

在地质与地理领域，南极洲被划分为东南极洲与西南极洲两大部分。它们的分界线便是著名的横贯南极山脉，这条绵延 3500 千米的壮丽山脉将这片冰雪大陆一分为二，勾勒出一幅引人入胜的画卷。

02　南极的高原和冰雪

南极大陆是一个相对平坦的高原，以平均约 2300 米的海拔傲视全球，是世界各大洲中平均海拔最高的洲。在这片白色净土之上，巍然屹立着文森峰，它以其 4892 米的高度成为地球上最卓绝不凡的山峰之一。

南极大陆也是世界上最干燥的大陆，有“白色沙漠”之称，其年均降雪量为 12 厘米。在南极大陆的中央高原，每年的平均降雪量仅为 5 厘米，这一数值比撒哈拉沙漠的部分区域还要干燥。然而，南极独特的极寒气候使得冰雪难以融化，因此南极大陆常年被冰雪覆盖，冰层的平均厚度达到 2450 米，最厚处可达 4750 米。冰雪总储量超过 3000 万立方千米，占全球冰雪总量的 90% 以上，占全球淡水总储量的 72%。

如今，随着全球气候变暖，南极冰层每年都在消融。

冰雪覆盖的南极大陆

如果南极冰盖彻底融化，全球海平面将升高约 60 米，约 2200 万平方千米的地球陆地面积将淹没于茫茫海水之下，一些沿海大城市如美国纽约、日本东京，以及我国的上海、广州、天津等都将成为水城，消失在汪洋之中。

尽管冰雪是坚硬的固体，但在长期的积累和压力作用下，它们也会发生变形。这些冰雪从南极大陆的中心，顺着山谷，向着低处缓缓流动，最终形成了纷繁多样的冰川（指极地或高山地区地表上多年存在并具有沿地面运动状态

的天然冰体)，延伸至浩瀚的海洋。南极的海岸线上，常常是岩石峭壁。而在这些峭壁的边缘，冰川裂解并坠入海中，从而生成了无数形态各异、大小不一的冰山。当这些冰川在较为平缓的南极海岸入海后，漂浮在水面上，形成冰架(指陆地冰域与大陆架相连的冰体延伸到海洋的部分)。每逢南极的夏季来临，气温开始升高，冰架的边缘便会逐渐分离出一种独具南极特色的平台冰山。这些冰山厚度可达

陆冰架

200 米以上，其长度则从几百米至几十千米，甚至上百千米不等，雄伟壮观，令人叹为观止。这些冰山虽然美丽，但它们常常给靠近的船舶致命一击。冰山以下的部分永远比呈现出来的部分大得多，如果没能及时避开，撞上冰山，船舶会遭遇灭顶之灾。

南极的雪原并非如想象中那么平坦，表层的积雪在强风的塑造下，会呈现明显的凹凸形状。在风力更为强劲的区域，凹凸形状发育得更快，向着主风向延伸，最终演变成一道道雪脊。通过观察雪脊的走向，人们可以判断出当地的主风向。因此，当我们在南极腹地旅行时，可以将这些雪脊的方向标注在地图上，以此描绘出风向的流动线条。

03　恶劣的气候条件

没去过南极的人总会有一种浪漫的想象：皑皑白雪，晶莹冰川，可爱企鹅……然而真实的南极，光是气候恶劣这一条就能劝退无数向往南极的人。

先说南极的风。南极素有“世界风极”之称，足见其风势之烈。在这片大陆上，最可怕的天气现象是风暴、暴风雪，其风速大、风力猛。南极地面一般盛行东南风，而在千米之上的高空，却刮着西北风。在南极的内陆，由于强烈的辐射冷却作用，地表的冷空气大量聚集。在重力和气压梯度力（指因气压分布不均匀而作用于单位质量流体上的力）的推动下，这些冷空气犹如无形的瀑布般从陡峭的冰坡上迅疾倾泻而下，直奔沿海。这种冷风被称作南极下降风，特点是突然刮起、突然中止、风速大、风向大体一致。

再说南极的严寒。南极洲位于地球的高纬度地区，太阳向南运行的轨迹只能抵达南回归线。南极大陆十分寒冷，被称为“世界寒极”，它的大部分区域终年被覆盖在厚厚的冰雪之下，太阳光被冰雪面反射回空中，而不是温暖土地。这样便造就了南极洲亿万年的极端寒冷气候，时间仿佛在这里凝结成刺骨的寒意。南极洲的年平均气温为 -28℃左右，其中沿海地区的气温相对较温和，年平均气温通常在 -10℃ ~ -30℃之间。从沿海逐渐进入内陆，气温不断降低，在辽阔的大陆腹地，年平均气温更是降至 -40℃ ~ -60℃。即使在本该温暖的夏季，南极的气温依旧倔强地停留在冰点以下。

南极风雪

04　南极的极昼与极夜

极昼与极夜是地球两极地区的自然现象。极昼是指太阳总是不落，天空总是亮的现象；极夜则与极昼相反，太阳总不出来，天空总是黑的。出现极昼与极夜现象，与地球在沿椭圆形轨道绕太阳公转时，还侧着身子绕自身的倾斜地轴旋转有关。

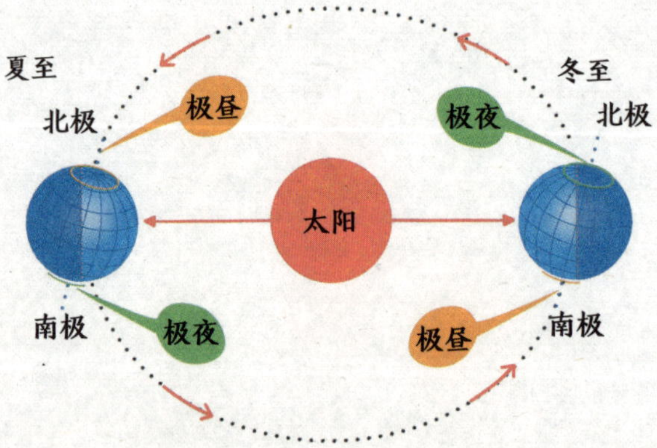

夏至，太阳直射北回归线，南极圈以南为极夜

冬至，太阳直射南回归线，南极圈以南为极昼

南极的极昼与极夜赋予这片冰雪之地一种奇特而壮丽的节奏。在南极圈内，天地自然分割出冬与夏两个鲜明的季节。冬季出现连续的黑夜，而夏季则出现连续的白昼，其连续黑夜及连续白昼时间的长短与极圈内的纬度高低相一致，随着纬度的升高，这种无休无止的黑与白的交替愈发明显。在南极圈的边缘，黑夜与白昼各自仅驻留一日，而在南极极点的持续时间最长，各为半年。

因此，我国南极科考队赴南极考察最佳时间为 11 月至次年 3 月，原因是此时为南极地区的夏季，是白昼时间较长的时期，便于开展各项科学考察活动。

南极的极昼现象

第二章

为什么要去南极科考

数百年来，

人类用探索和勇气，

书写着南极的历史。

在这片神秘的大陆上，放眼望去，是一片荒芜之境，气候条件极为严酷。然而，每年却有无数旅行者和科研人员被它深深吸引，纷纷踏上这片充满奇迹的冰雪大陆。在这些勇敢者眼中，南极是一方瑰丽的疆域。早在18世纪，人类便揭开了探索南极大陆的恢宏篇章。

01　从英雄时代到科学时代——南极科考史

18世纪70年代，英国航海传奇人物库克船长率领舰队完成了人类历史上首次横跨南极圈的壮丽征程。然而，令人遗憾的是，由于厚厚的海冰阻挡，他未能亲眼看见这片神秘的冰雪大陆。

在1823年至1824年间，英国探险家詹姆斯·威德尔向南极进发，发现了如今被称为“威德尔海”的大海域。紧随其后的1831年，另一位英国人约翰·比斯科勇敢地穿越南极圈，先后揭开了恩德比地、阿德莱德岛以及比斯科群岛的面纱。

整个19世纪，来自英国、法国、美国、挪威等国家的探险者们络绎不绝地前往这片神秘大陆，他们在探险与捕猎的过程中，南极大陆、山脉、岛屿等不断被发现，将其未知的面貌呈现给世人。

1895年1月，挪威著名博物学家兼探险家博尔赫·格列文领着一支小型探险队，踏上南极海岸。博尔赫·格列文与队友们在冰雪覆盖的大地上扎下根来，那是人类首次在南极大陆上安营驻扎，度过严寒冬季。这次探索壮举不仅带来了重要的气象和地磁科学实测数据，还为人类开启了一段全新领域的认知之旅。

在接下来的20年间，自1895年8月的第六届国际地理大会发出“无论以何种方式最有效促进南极探索事业”这一振奋人心的号召后，南极迅速成为全球探险者向往的“极地乐园”。争夺对南极的探索优先权成为各个国家的南极战略。英国、法国、瑞典与挪威等众多欧洲国家纷纷派遣各自的探险队伍，向这片神秘大陆展开了如火如荼的探索行动。

1903年，威廉·斯佩尔斯·布鲁斯博士率领的苏格兰南极探险队踏上了南极的冰封荒土，在这里建立了人类历史上首个永久性南极观测站，为人类探索南极书写了新篇章。随后，1909年1月16日，莫森、戴维斯和麦凯勇敢地抵达了当时位于南纬72° 24′、东经155° 18′的南磁极。更令人振奋的时刻降临在1911年12月14日和1912年1月17日，挪威的阿蒙森与英国的斯科特各自带领的探险队相继抵达了梦寐以求的南极点，将人类探索的旗帜深深插入这片极

寒之地。

至此，这片冰封的南极大陆终于迎来了人类先驱者的凯旋。无数令人动容的探险英雄在这一时期脱颖而出，他们以无畏的精神谱写了无数动人篇章，人们因此将这段时期称为南极探险的“英雄时代”。

1904 年 2 月 24 日，阿根廷率先跨出一步，建立了人类在南极的首个科考站——奥朗达斯站。这座科考站坐落于南奥尼克群岛苏里岛的斯科舍湾，其意义非凡，开创了人类探索极地的新纪元。4 年后的某个寒冷时刻，澳大利亚探险家埃奇沃思·大卫踏上了同样的无畏之旅，在南极建立了第一个人类营地——埃奇沃思大卫营。这些勇敢的尝试如同闪耀在茫茫雪域中的灯塔，指引着未来的科考道路。

在 1908 年至 1941 年间，机械化交通工具的广泛应用，推动人类的南极探险从此驶入了机械时代。其间，那些早早开始南极探险的国家中，英国、澳大利亚、新西兰、法国、智利、阿根廷和挪威依次对南极大陆的特定区域提出了主权要求，这些土地面积加在一起，占南极大陆总面积的 85%。

英国、智利和阿根廷三国所宣称的南极主权土地甚至有大量重合，南极地区利益分配的问题也成为世界各国新的矛盾点。

第二次世界大战期间，为了夺取南极的权益，英国于1943年悄然启动了“塔巴林”南极探索行动。面对英国的动作，智利在1947年毅然派出探险队踏上了首次南极探险之旅。就在这一年，阿根廷、智利和英国在那片充满争议的南极半岛上，纷纷建起了自己的科考站。

从此，以英国为首的非南美国家与智利、阿根廷等南美国家在南极权益问题上硝烟四起。1952年，英国极地考察人员在船只上试图重建其位于霍普湾的基地时，竟遭遇阿根廷军人的武力威慑，被迫退却。

三国之间的争执犹如一枚石子投入水中，激起了世界各国的焦虑与关注，这场纷争催生了一场在南极建立科考站的热潮。1954年，澳大利亚在这片冰封大陆上建立起莫森站。1956年，法国的迪蒙·迪维尔站拔地而起。同年，美国与苏联这两个超级大国也不甘落后，纷纷展开科考站的建设竞赛，年末在南极的银白世界中分别建起了麦克默多站和米尔尼站。

因为在早期发现与探索阶段的缺席，美国宣称对南极拥有主权缺乏充分的依据。随着南极争端不断升温，美国深感力不从心。

因此，借助1957年至1958年第三个国际极地年的契机，美国和与南极事务相关的11个国家之间建立了良好的合作关系。1958 年初，美国总统艾森豪威尔亲自致信其他 11 国政府，诚挚地邀请他们派遣代表前往华盛顿，共同商讨南极的未来。

1958 年末，这 12 个国家的代表最终签署了致力于“和平利用与开发南极”的《南极条约》。这份条约庄严宣布“南极仅限于和平研究用途，所有主权要求皆被冻结”，南极领土争端终于画上了完美的句号。

其间，科学研究与合作成为南极开发的核心目标。以美国和苏联两大强国为先锋，各国不遗余力地投身于这片

冰雪大陆的科学探索，美国在南极点大胆地建造了阿蒙森－斯科特科考站，以此纪念首批征服南极点的探险勇士阿蒙森与斯科特；与此同时，苏联在南极最为严寒的记录点建起了东方站，展现了人类征服极地的无畏精神。

自《南极条约》签署并生效以来，南极事务长期为《南极条约》协商国所主导。然而，随着 20 世纪众多发展中国家的崛起，许多国家开始渴望在南极事务中拥有话语权。进入 20 世纪 80 年代中期，全球掀起了南极建站的第二次热潮。

02 中国踏入南极科考领域

在 20 世纪 70 年代末期，中国积极与智利、澳大利亚等国家展开国际合作，以派遣科研人员参与南极地区的科学考察。到 1983 年时，我国已有 35 名科研人员成功加入其他国家的南极科考项目，积累了丰富的经验，为后续的探险之旅奠定了坚实的基础。

1983 年，中国加入《南极条约》。次年 6 月，中国正式拉开了探险南极的序幕，成立了首支南极科考队。1985 年 2 月，位于南极洲南设得兰群岛的乔治王岛的长城站拔地而起，成为中国极地探险的一座里程碑。同年 10 月 7 日，中国正式成为《南极条约》协商国。此后，中国在 1989 年 2 月 26 日在南极圈中的普里兹湾建成了中山站；2009 年 1 月 27 日，在南极的最高点——冰穹 A 建成了昆仑站；2014 年 2 月 8 日，泰山站也在南极冰面上崛起。这些科考站见证了中国在南极探险与研究领域的卓越成就。

中国目前在南极地区共有5个科考站，分别为长城站、中山站、泰山站、昆仑站和秦岭站，其中第5个新建考察站秦岭站于2018年2月7日进行了奠基仪式，并于2024年初竣工。秦岭站坐落在南极三大湾系之一的罗斯海沿岸，毗邻南极广袤的罗斯冰架。这一地区恰好位于东南极冰盖（指规模较大、表面有起伏的大陆冰体）的快速冰流区、罗斯冰架及海冰交汇的三角地带，面朝浩瀚的太平洋扇区。在这里，岩石圈、冰冻圈、生物圈和大气圈等众多典型自然地理单元彼此交汇、产生作用。此区域因其对全球气候变化异常敏感，被视为进行极地科学考察的理想场所。

中山站极光

截至2017年12月，该区域已经吸引了6个国家在此设立了7个科考站。这片土地不仅历史悠

久，而且是南极国际治理的重要焦点。我国在此区域建设新科考站，旨在积极参与极地全球治理、构建人类命运共同体，它开启了我国南极考察的新征程。

03 冰封之地的资源宝库

尽管南极地处地球的最南端，冰雪覆盖、与世隔绝，它却并非我们想象中的蛮荒之地。恰恰相反，这里是一座蕴藏着丰富资源和科学奥秘的宝库。这些珍贵的资源引起了世界各国的关注，成为各国投身南极考察的重要动因和目标，也是引发南极领土争夺的主要根源之一。接下来，我们将从能源与矿产资源、淡水资源、生物资源以及科学资源 4 个方面来认识这片神秘而富饶的大陆。

南极蕴藏着极为丰富的矿产资源。其中，铁矿是南极大陆所发现的储量最大的矿产，尤其是坐落于东南极的查尔斯王子山脉被发现有巨大的铁矿矿脉，因此被誉为“南极大铁山”。此外，南极还储藏着丰富的煤炭资源。南极横断山脉的煤层绵延千里，据一些科学家推测，南极的煤炭总储量可能超过 1000 亿吨。除铁矿和煤炭外，南极还富含铜、铅、锌、钼，以及金、银、铬、镍、钴等金属矿物。同时，这片大陆也蕴含大量非金属矿物，如云母和石墨等。

南极蕴藏着相当可观的石油和天然气资源，主要分布在南极大陆架和西南极大陆。据估计，石油储量在 500 亿至 1000 亿桶，而天然气的储量则在 30000 亿至 50000 亿立方米。此外，南极还拥有丰富的清洁能源，如风能、潮汐能和地热能等。

南极地区的海洋生物资源极其丰富，不仅种类繁多，其数量也相当可观，鲸、海豹、磷虾、鱼类和海鸟资源尤为突出。在这些生物中，南极磷虾作为南大洋中最重要的甲壳类浮游生物，不仅是该地区数量最多的生物资源，同

科学家在处理南极磷虾样品

时也是生物链中最为关键的环节。

南极的淡水资源令人无法忽视。在这片冰雪覆盖的大陆上，冰层的体积占全球冰川的 **90%** 以上，使南极成为地球上最富饶的淡水宝库之一。在其周围广袤的海洋中，随处可见漂浮的冰山，宛若大自然精心雕琢的瑰宝，点缀着这片壮丽的白色王国。

南极拥有丰富而多样的资源，无论是矿产、石油、天然气、生物资源还是淡水，都蕴藏着巨大的经济潜力。然而，因南极独特而脆弱的环境，人们对这些资源的开采和利用需要遵循严格的环保措施，以确保南极这片冰雪净土的生态环境得到妥善保护。

科考队员在整理海洋生物样品

04 南极的科研价值

气候变化研究

南极气候变化研究是当代科学研究的重要领域之一，它涉及极地气候系统、全球气候变化以及人类活动对极地环境的影响等多个方面。南极作为地球上最寒冷、最干燥、风最大的大陆，其气候变化对全球气候系统具有深远影响。

近年来，全球气候变暖愈演愈烈，南极的气候变化也展现出全新的趋势和独有的特征。首先影响的便是南极冰盖消融与海冰减少。这些变迁不仅导致海平面升高，还影响了南极生态系统的稳定，威胁着这里的生物多样性。

南极气温升高也是气候变化的重要体现。根据观测数据，南极地区的气温在过去几十年中呈现出明显的上升趋势。这种变化对南极的冰川、海冰以及生态系统都产生了深远的影响。

此外，南极的气候变化还体现在大气环流的动态变迁之中。在南极，大气环流（一种大气运行现象）的变化受限于多重因素，包括地形起伏的塑造、海洋环流的涡流以及全球气候变化的巨大波动。这些因素交叠融合，影响着南极的天气与生态系统，令南极的气候更加变幻莫测，生态环境愈加错综复杂。

为了深入探索南极气候变化的奥秘，科学家们运用多元化的方法和技术进行研究。其中，卫星遥感技术能从太空俯瞰整个南极大地，通过地面观测进一步收集详细的数据；数值模拟被用于创建逼真的气候模型，而在实验室中进行的研究则为这些模型提供了有力的支持。

总的来说，南极气候变化研究是一个复杂而重要的领域。随着全球气候变暖的加剧，南极地区的气候变化将更加显著和复杂。因此，加强南极气候变化研究，对于深入了解全球气候系统、应对气候变化挑战以及保护人类生存环境都具有重要意义。

地球科学研究

南极大陆堪称地球科学研究的瑰宝之一，它涵盖了地

在南极的日常科考工作

球内部结构、板块运动以及地磁场变化等诸多领域。

首先，南极地区为科学家们探究地球内部构造带来了无尽的启迪。通过深入研究地震波的传递、地热现象以及收集到的地质岩石样本，科学家们逐步揭开了地球内部的结构谜团。

其次，板块运动同样是地球科学中引人入胜的研究领域。南极大陆的地质构造如同一幅巨大的拼图，与板块运动密不可分。南极板块的运动受到多重因素的牵引，包括地壳应力（存在于地壳中的应力，由岩石形变而引起）的巧妙分布、地热的涌动，以及与相邻板块之间相互作用。通过对南极地区的地质观测和地震活动的研究，科学家们能够了解板块运动的规律，进而揭示地球内部的动力学过程。

最后，南极地区的地磁场（地球内部存在的天然磁性现象）变化同样是地球科学研究中不容忽视的一部分。南极的地磁场展现出独特性，与地球磁化矿物的产生以及地壳板块的漂移存在紧密联系。科学家们通过对南极冰芯（取自冰川内部的芯，它记录着过去气候环境自然变化的信息，也记录着过去人类活动对气候环境的影响）和沉积物的细致分析，揭示了地磁场变化的规律——每隔几万至几十万年，地球的磁场便会经历一次极性颠倒，导致磁北与磁南位置互换。此外，南极区域的地磁场在较短的时间尺度上也会发生变化，这主要是由于太阳风与地球磁层之间的交互作用造成的。这些地磁变化不仅对研究地球内部的结构和动力学过程极具意义，也为全球气候变化的探索提供了重要线索。

综上所述，南极大陆的地球科学研究涉及地球内部结构、地壳板块运动以及地磁场变化等多个重要领域。深入探讨这些领域，科学家们得以更加透彻地认识地球的内在构造与动力学过程，这不仅深化了人类对地球的理解，也为应对全球气候变化等重大挑战提供了坚实的科学依据。

生物多样性和生态系统研究

南极生物多样性和生态系统具有独特性和重要性。

尽管南极的气候条件严苛，但每一种生物都展现出令人叹为观止的生命力。从微生物到植物和动物，它们都演绎出独特的生存之道与适应技巧。在极寒的低温环境中，微生物通过光合作用或化学能合成来获取所需能量，支撑着整个生态系统的循环。南极的动物，如企鹅、海豹及鲸等，则进化出了与众不同的生存策略，它们依靠厚实的脂

阿德雷企鹅

冰川上的海豹

肪层来抵御刺骨寒冷，以维持体温。而那些乐于挑战生存极限的南极植物，对强烈紫外线的顽强耐受力令人惊叹，它们中有些甚至可以在几乎没有阳光的环境下顽强生存。

南极的食物链朴素而独特，以浮游生物和磷虾为基石，鱼类、鸟类和海豹则是不同层级的消费者。这种简化的食物链以一种无声的语言诉说着南极生态系统的脆弱与敏感。

在全球气候和生态安全领域，南极的生态系统扮演着举足轻重的角色。例如，随着南极冰盖的变化，全球海平面也会随之剧烈波动，这种连锁效应进一步牵动着沿海生态系统以及人类社会的命运。此外，南极海域丰富的生物资源，尤其是磷虾，构成了全球海洋食物链的重要环节，为整个海洋生态奠定了坚实的基础。

然而，南极的生态系统正遭遇重重威胁。气候变迁、海洋酸化、污染物的侵袭，以及人类活动的侵扰，都在威胁着这片纯净大陆的生态环境。这些威胁不仅可能导致南极生物多样性的锐减，还可能动摇其生态系统的稳定性，削弱其重要功能。

因此，保护南极的生物多样性显得尤为关键。国际社会已开始了积极行动，包括设立保护区、限制人类足迹以及开展深入的科学研究。

在总体上看，尽管南极的生物多样性和生态系统既独特又脆弱，但它们同时也展现出惊人的生命力与非凡的适应能力。我们应继续加强对南极的研究与保护，以便从容应对全球气候变化带来的挑战，并维护地球的生态平衡。

南极天文学研究

南极天文学研究是当前天文学界的一颗璀璨明珠，得益于其无与伦比的观测条件和独特的科学价值。

首先，南极地区具有极为优越的观测环境。由于地处地球的最南端，南极大陆远离了人类活动的干扰，拥有极

南极
卫星观测站

中山站极光下的高空大气物理观测栋

低的背景光污染和极为稳定的大气条件。得天独厚的条件使这里成为探索宇宙奥秘的理想乐园。尤其是在天文观测和射电天文研究方面，南极无可匹敌，为揭开宇宙奥秘量身打造了一个完美舞台。

其次，南极天文学的研究范围广泛，涵盖光学观测、射电观测、宇宙微波背景辐射观测以及中微子探测等多重领域。在这些学科的探索中，南极凭借其无与伦比的观测环境，成为揭示宇宙奥秘的圣地。科学家们在这里通过观测宇宙微波背景辐射，探寻早期宇宙的演化历程；通过射电观测，揭示星系、星团以及黑洞的神秘物理特性。

除了以上领域，南极天文学研究还致力于解开若干重要的科学谜团，如暗物质、暗能量以及宇宙的起源等。暗物质和暗能量，作为现代宇宙学中的两大未解之谜，对宇宙的结构和演化发挥着至关重要的作用。通过利用南极独特的观测条件，科学家们渴望能够更深入地剖析这些深奥的难题，为我们揭开宇宙奇迹背后的秘密。

在过去的数十年间，很多国家纷纷在南极设立了天文观测站，这些设施被赋予了开创一系列重大科技项目的使命。这些观测站不仅装备了最为先进的天文望远镜和仪器，还为南极天文学研究注入了强大动力。与此同时，国际合作也在南极天文学的研究中扮演着举足轻重的角色。来自各国的科学家们通力合作，资源和数据的共享为推动南极天文学研究的持续深化提供了不竭的动力。

总体而言，南极天文学研究是一个既富有挑战又充满机遇的领域。借助技术的飞速发展和观测手段的日益精良，这一研究领域在揭开宇宙奥秘方面，未来有望迎来更多重大的突破与进展。

第三章

中国的科考船

一代代科考船承载着梦想，

劈波斩浪，驶向遥远的南极。

经过 1984 年首次南极考察，我国的极地科学家们深刻认识到缺少破冰船将使未来的南极探险举步维艰。同时，中国南极长城站已经建成，如果缺乏稳定持续的物资补给，这座远离大陆的科学基地将难以维持。因此，建造或购置大型破冰船迫在眉睫。

破冰船是特种船只，用于在冰封水域开辟航道。其船艏采用厚钢板，船体吃水线用合金钢加固，以抵御冰层碰撞。破冰船配有强大动力系统和破冰设备，能在厚冰中开辟航道，保障自身和其他船只安全航行。

01 极地科考船——“向阳红 10”号和“极地”号

“向阳红 10”号是中国自行设计制造的第一艘万吨级远洋科学考察船。1979 年 11 月由上海江南造船厂建成并交付国家海洋局东海分局使用。“向阳红 10”号双桨双舵，并且舵上还带有螺旋桨，船中舭部有防摇鳍，船的操纵性和适航性能极好，在 12 级风中可以坚持航行。

“向阳红 10”号主要承担大洋的海洋水文、气象、水声、物理化学、地球物理、地质地貌、海洋生物等调查研究，为发展海洋科学和开发海洋资源服务。它曾参与中国首次发射运载火箭、同步通信卫星等重大科研试验任务，1984 年 11 月参与中国首次南极考察，开赴南大洋、南极洲执行科学考察任务。

1985 年 5 月，我国派出代表团经多次谈判，以 170 万美元从芬兰购得“雷亚”号杂货船。

该船建造于1971年，由芬兰劳马船厂完成建造，1974年在德国加长改装，具备芬兰－瑞典IA级抗冰能力。购入后，南极委将其委托给上海沪东造船厂进行改装，增添了住舱、极地科考设备、直升机平台机库、减摇装置，更新了导航和通信设备。改装后，该船成为适合高纬度、高严寒海域航行的多功能科学考察船，1986年9月完工，命名为“极地”号。中国南极科考队终于有了自己的冰区加强船。

1985年9月25日，作为中国首艘极地考察冰区加强船，“极地”号在长江口试航3天，验收合格后返回青岛港。10月8日至17日，“极地”号展开西北太平洋满载试航。其间，测定船舶运动，调试设备，试验新型捕捞磷虾网具，进行海上消防、救生、货物起吊操练，并在济州岛以南海域七八级大风中进行抗风浪试验。

1986年10月31日，“极地”号从青岛港启程，首航南极，执行中国第3次南极考察及环球任务。历经艰险，“极地”号于12月27日抵达南极的乔治王岛。

业内人士比喻，如果说“向阳红10”号是身着布衣踏入斗兽场的勇士，那么“极地”号也仅有一身薄藤甲稍作防护。也就是说，这两艘船并不具备破冰能力，在极地科考时常常为海冰所困。自1986年首航以来，“极地”号6

次参加南极科考，圆满完成我国南极长城站扩建、中山站建站的物资运输及南大洋考察等重大任务的保障工作，于1994年正式“退役”。

02 中国第一艘科考破冰船——“雪龙”号

1985 年开始“服役”的“极地”号本为杂货船，具有 IA 级破冰能力，可破 80 厘米冰。然而，这对复杂的极区条件而言仍显不足。1989 年，“极地”号在南极遇险被困，暴露了破冰船问题。至 20 世纪 90 年代,“极地”号因多年“服役”近乎极限，难以满足我国极地事业发展，亟需新的高等级破冰船。

1990 年，极地考察船的建造或购买被提上议事日程，最终，我国于 1993 年购买了乌克兰赫尔松船厂的一艘破冰船，改装而成“雪龙”号。

20 世纪 90 年代，赫尔松船厂的原船东放弃建造合同，即将建造完成的 8 艘破冰船成为船厂的巨大负担。其中一艘直接由柴油机驱动的船（即后来的“雪龙”号）将近完工，价格合理且性能符合我国需求，因而进入了我国的购买计

“雪龙”号

划。1992 年 7 月 31 日，南极委和国家海洋局联合建议购买这艘船，以替代“极地”号，支持中国南极考察。这艘船后来便被命名为“雪龙”号。

1993 年 3 月 20 日，“雪龙”号破冰船完成交接后启航，前往上海港。由于“雪龙”号最初是作为北极破冰供应船建造的，要用于南极科考，还需进行改装。

经过改装后的“雪龙”号可载货 10225 吨，续航力达 14000 海里，自持力（船上所带淡水和食品在海上所能维持的天数）50 天，最高航速 17.5 节。在航速 1.5 节时，可连续破 1.1 米厚冰，并可搭载两架 KA-32 直升机。

经升级改造后，“雪龙”号主甲板以上的所有设备设施全部更新。船上的洁净实验室面积也从原来的 200 多平方米扩大到 580 平方米，并全部更换了实验室设备，还新建了大气取样室、数据处理中心、样品间、伸缩吊车等科研设施。

改造后的“雪龙”号具有先进的导航、定位、自动驾驶系统，配备有先进的通信系统以及能容纳 2 架 KA-32 直升机的机库和 1 个停机坪及配套设备。此外，还配备了 1 架“雪鹰”号直升机、1 艘黄河艇以及 1 只中山驳以提高航行保障和运输能力。不仅如此，“雪龙”号还装有可调式螺旋桨，航行时操作灵活，有利于破冰。船体用 E 级钢板建造，

KA-32 直升机

即使在-40℃的严寒气候条件下，也不会变形。该船可运输杂货、大型重型货物及各种车辆、冷藏货物、贵重货物、炸药、矿物、标准集装箱以及各种油料。

为了更好地服务于科研任务，“雪龙”号在舱室的设计划分上也更加专业。船上设有计算机数据处理中心、气象分析预报中心，以及海洋物理、海洋化学、生物、地质、气象等一系列科学考察实验室。在“雪龙”号的水文资料采集室中，安装了可以用来探寻磷虾及其他极区水生动物的鱼探仪，可在航行时测定海水流速、方向的多普勒海流计，以及用于测量海水温度、盐度、深度的温盐深剖面仪等一大批先进的仪器设备。

一般考察队队员2人一屋，每间10平方米左右，有中

“双龙”会合

“雪龙”船上内景

央空调，有24小时供应热水的卫生间，冰箱、衣柜、写字台等一应俱全，房间里还有端口可供上网发邮件，设施很像大学生宿舍。“雪龙”号还设有游泳池、健身房、洗衣房、图书馆、室内篮球场、手术室等完善的生活、娱乐和医疗设施。游泳池所用的海水都是从洁净的大海里新抽取的，没有污染。

船上有128张铺位，确保每位队员都有足够的休息空间。“雪龙”号为极区考察工作提供了基本必备条件，可航行于世界任何海区。

1994～1995年，由“雪龙”号破冰船担任运送第11次南极考察队中山站越冬队和度夏队的队员、物资和油料的任务，同时接回第10次南极考察队越冬队和第11次南极考察队度夏队的队员，并承担南大洋科学考察任务。经过几个月的筹备后，“雪龙”号于1994年10月28日从上海出发，首航执行中国第11次南极考察任务，并由此开启了它的辉煌历程，迄今已30多年。这艘破冰船如同游走于冰原的勇敢之龙，见证了中国极地探索事业的辉煌。

“雪龙”号是继“向阳红10”号、“极地”号之后的中国第三代极地科学考察船，也是中国首艘极地科学考察破冰船。1999年3月31日，“雪龙”号破冰船划归中国极地研究所建制和实施管理。经过1995年、2007年和2013年多次改造和设备更新，“雪龙”号成为中国极地海洋调查和极地考察后勤支撑保障的中坚力量。

2007 年 4 月至 2008 年 6 月，“雪龙”号全面改造，功能布局更加合理，设施完备。新增贵宾接待室、多功能学术报告厅和考察队会议室，提升现代感。自动化程度、调查能力及工作生活条件大幅提升。

“雪龙”号多年来一直承担中国南极考察运输任务，深入探索南极普里兹湾等重要海域，在中国南极事业发展中起到关键作用。2009 年 1 月，它支持第 25 次南极考察队在冰穹 A 成功建设昆仑站。2009 年至 2010 年第 26 次南极考察期间，6 次穿越西风带。2013 年至 2014 年第 30 次南极考察期间，“雪龙”号首次完成环南极航行，支援泰山站建设。

作者在“雪龙”船上值班

2018年至2019年第34次南极考察期间，“雪龙”号首次进入阿蒙森海进行科学调查，获取环南极流全深度大断面数据。这些成就突显其在极地科研探险中的重要性。

自1999年起，“雪龙”号开始承担中国北极科学探险任务。

1999年7月1日，“雪龙”号离开上海港，开始了其首次北极之旅。历经71天，它在北极太平洋扇区的汪洋大海中，展开了多学科综合考察，涵盖了海洋、大气、生物、地质及环境等领域。

2010年8月26日，中国“雪龙”号在第4次北极科考中航至北纬88°26′，其搭载的直升机探秘北极之巅，创下中国北极考察新纪录。

2012年7月至9月，中国展开第5次北极科学考察，“雪龙”号穿越北极东北航道，成为中国首艘成功航行此航道的船。这次壮举标志着中国极地研究的重要进步，为后续探险开辟新路径。

2017年7月至10月，在第8次北极科学考察中，“雪龙”号横越中央航道和西北航道，并与加拿大进行西北航道地貌探测。

如今，“雪龙”号的航迹遍及五大洋，对南、北极海洋的调查涵盖了南大洋的普里兹湾、南极半岛邻近海域、罗斯海、阿蒙森海以及北极白令海、楚科奇海、北冰洋中央区等重点海域。在调查过程中，无人冰站观测系统、无人缆控深潜器等一批新技术得到应用，极大提升了环境观测的广度和持续性，为中国认知南北两极作出了积极贡献。

值得一提的是，“雪龙”号还在一次国际救援中发挥了重要作用。2013 年 12 月 25 日，“雪龙”号正在南极海区执行我国第 30 次南极考察任务。北京时间凌晨 6 时，驾驶员收到最高等级遇险求救信号，俄罗斯科学考察船“绍卡列斯基院士”号在接近南极大陆边缘被海冰困住，它基本没有破冰能力，无法动弹，同时受到不断靠近的冰山威胁。船上载有世界各国科学家、游客和船员 74 名。南极大陆边缘海区的船很少，因为浮冰多，航行危险，只有破冰船适合接近。这时候，在这艘俄罗斯船附近的破冰船有 3 艘，分别是澳大利亚的“南极光”号、法国的“星盘”号和我国的“雪龙”号。“雪龙”号距离出事船舶最近。当时,“雪龙”号正在执行中国第 30 次南极考察任务，但在人道主义责任感召下，考察队果断将救援列为首要任务。这场史无前例的营救行动为南极历史增添了光辉，在科考史上堪称最大规模的救援壮举。

CHINARE

03 “雪龙 2”号破冰船

“雪龙 2”号是中国自主建造的第一艘极地科学考察破冰船，于 2019 年 7 月交付使用。它是全球第一艘采用船艏、船艉双向破冰技术的极地科考破冰船，不仅能够以 2 ~ 3 节的船速连续破 1.5 米冰加 0.2 米积雪，而且能够满足无限航区包括极区航行和作业的需求。这种双向破冰技术使得“雪龙 2”号在面对各种复杂的冰层条件时都能保持较高的破冰效率，能够在 1.5 米厚的冰环境中连续破冰航行，填补了中国在极地科考重大装备领域的空白。

“雪龙 2”号长 122.5 米，宽 22.32 米，设计吃水为 7.85 米，设计排水量为 13996 吨。它的航速为 12 ~ 15 节，并且具有强大的续航力，可以达到 2 万海里。此外，“雪龙 2”号还配备了许多先进的科学考察设备，如深水和中浅水多波束系统、深海浅地层剖面仪、生物储量评估回声积分仪系统等，这些设备可以满足海底精细化测量和渔业资源探测的需求。总的来说，“雪龙2”号在破冰能力上相较于“雪龙”号有了显著的提升，这使得它能够在更广泛的极地海域进行科学考察和作业。

自2019年“雪龙2”号投入使用以来，中国极地科考就开启了“双龙探极”的时代。在科考任务方面，它们可以互相配合，共同完成物资补给、人员轮换、站基多学科和近岸海洋业务化观测等多项任务。

2019年10月24日，“雪龙2”号首次穿越赤道进入南半球。2020年7月15日，中国第11次北极科学考察队搭乘“雪龙2”号船从上海出发，执行科学考察任务；11月10日，“雪龙2”号船从上海出发，执行中国第37次南极考察任务。2021年5月7日，“雪龙2”号船返回上海的中国极地考察国内基地码头，标志着中国第37次南极考察圆满完成；9月28日，中国第12次北极科学考察队乘坐“雪龙2”号船顺利返回位于上海的中国极地考察国内基地码头。

2023年7月12日，中国第13次北冰洋科学考察队搭乘“雪龙2”号破冰船从上海出发，执行现场考察任务。12月28日，中国第40次南极考察“雪龙2”号大洋队开展首次考察作业。

2024年1月22日，随着最后一个抛弃式温盐深仪作业结束，中国第40次南极考察“雪龙2”号大洋队完成了本航次大洋调查任务。

2024年3月7日，执行中国第40次南极考察任务的“雪龙2”号在南极秦岭站载上考察队员，启程返回中国。

4B
4A
08
18

第四章

乘“雪龙”去南极

在企鹅王国的边缘，
冰山慢慢滑向大海。

2017年11月8日，中国第34次南极科学考察队开启征程，在上海浦东的中国极地考察基地码头登上“雪龙”号，奔赴万里之外的南极。截至当时，我国已成功完成了33次南极科学考察与8次北极科学考察，在两极设立了包括长城、中山、昆仑、泰山及黄河在内的多个科学考察站。在此次南极科学考察任务中，“雪龙”号将在海上度过160余天，继续书写中国极地探索的新篇章。

01　启航南极的准备

到达南极的路线

如果前往南极，主要有以下几条路线。

南极半岛线路：这是探访南极的一条经典路线，魅力无限，广为人知。通常，从乌斯怀亚或布宜诺斯艾利斯出发，穿过波涛汹涌的德雷克海峡，驶向神秘的南设得兰群岛和壮丽的南极半岛。沿途风光令人惊艳，人们将有机会近距离欣赏南极独有的绝美景色，与憨态可掬的企鹅、闲庭信步的海豹以及于冰冷海面上优雅游弋的鲸亲密接触。这条路线不仅适合初次踏上这片远古冰原的旅行者，也适合渴望深入探索南极奥秘的探险者。

南极三岛线路：在南极半岛路线的基础上，增加了南乔治亚岛、南桑威奇群岛与马尔维纳斯群岛。南乔治亚岛被誉为野生动物的天堂，成群结队的王企鹅在这里安然栖息，信天翁在辽阔的天空中自在翱翔。而马尔维纳斯群岛因风景绚丽和鸟类繁多闻名于世，为旅程增添了无穷的魅力，仿佛令人置身于一幅动人的自然画卷之中。

南极鸟类

跨南极圈线路：从南极半岛出发，沿着南纬的壮丽轨迹一直行进至南纬 66° 34′ 的南极圈。对渴望真正进入南极的旅行者来说，这段线路具有象征意义。

威德尔海线路：从南美洲启程，穿越神秘的威德尔海。这片海域充满神秘色彩，以多样的海洋生物和独特的自然景观而闻名于世。

罗斯海线路：从新西兰或澳大利亚出发，经过浩瀚无垠的罗斯海。这片辽阔水域是南极洲最大的海湾，在这里，人们可以欣赏到壮观的冰山、冰架和美丽的帝企鹅。

南极点线路：这是最具有挑战性的线路，从南非开普敦出发，乘坐专机到达南极营地，然后满怀信心地迈向壮

即将抵达南极时作者在船上留影

丽且神秘的南极点。这条线路需要高度的体能和耐力，一旦到达南极点，那种成就感和震撼是无法言喻的。

科考与旅行的目标不同，所以路线有所不同，使用的交通工具也不同。

2017 年 11 月到 2018 年 4 月，我有幸参加了中国第 34 次南极科学考察，前往南极乘坐的是“雪龙”号，那时候“雪龙 2”号还没有投入使用。于是，这趟南极科考之旅，“雪龙”号便成为我们朝夕相处的忠实伙伴。即便是登陆南极开展科考任务，我们每天仍然回到“雪龙”船上住宿。

启航前集训

参加南极科学考察的中国科考队员大多来自自然资源

部的各个研究所、大学和中国科学院系统，在出发之前他们需要提前进行集训。为什么要提前进行集训呢?

这不仅是为应对南极极端环境的挑战做好充分准备，也是在预先模拟艰苦条件下运作，确保所有队员能够在实际任务中以最佳状态迎接考验。比如，南极的昆仑考察站坐落在南极大陆的至高点——冰穹A（海拔高达4093米)。众所周知，海拔越高，氧气越稀薄。当人们从平原骤然进入高原区域时，身体往往会经历一系列急性高原反应，俗称“高反”。高反对人体的神经系统、呼吸系统、心血管系统以及消化系统造成直接冲击，可能引发紧张焦虑、极度疲倦，甚至上呼吸道感染等严重后果。通过集训，科学考察队员得以更游刃有余地适应这种高原环境，以保障在南极工作时安全无虞。同时，这也是为了确保科学考察任务的顺利推进，使得每一位队员在面对南极严酷的考验时，能够以最佳状态投入工作。

所以，集训成为每位科考队员去往南极科考的必经之路。

那么，都有哪些具体的训练呢?

首先，科考队员在8月份左右抵达上海集结，在这里，他们将在中国极地研究中心接受全面的体检，确保以最佳状态迎接接下来的任务。紧接着，他们将接受一系列室内教育课程，内容涉及内陆考察的任务与安全、高原训练计划、各种训练要求与注意事项。队员们还将接受有关高原病的预防与诊治、外伤处理以及紧急救助的专业培训。此外，还要进行高原适应性训练的医学检测。之后，大家将一同前往西藏，参加在西藏喜马拉雅登山向导学校举行的高原适应性训练动员会。在这里，训练内容丰富多彩，涵盖了器材的识别与使用、结组行走、保护站设立以及互救与自救训练等技能。全体队员还需要完成挑战极限的 4800 米级野外结队徒步训练，以及进行户外 GPS 实操训练。这些准备能帮助他们更加游刃有余地面对即将到来的极地考验。

完成这些室内与室外的培训，科考队员就可以等待每年 11 月份的启航啦！

科考队出征

02 上船启航

启航

2017 年 11 月 8 日，中国第 34 次南极科学考察队从位于上海的中国极地考察国内基地码头出发，本次南极考察将启动建设中国第 5 座南极考察站（即后来的秦岭站）。

本次南极科考路线为："雪龙"号途经新西兰、罗斯海，到达南极中山站，随后在普里兹湾、戴维斯海和罗斯海进行科考作业，在停靠新西兰进行补给后，将继续前往阿蒙森海作业。根据计划，中国第 34 次南极考察总航程约 3.7 万海里，预计于 2018 年 4 月中旬返回上海的中国极地考察国内基地码头，总航程历经 165 天。科考队员要在船上度过近半年的时间，其中航渡也占了近两个月的时间。

启航那天，科考队员从四面八方齐聚上海港。其时，

“雪龙”号刚执行完中国第8次北极考察任务返回国内，在不到一个月的时间内，工作人员便为“雪龙”号完成了检修、装货、设备调试等各项出航前的准备工作。“雪龙”号泊在港口，远远望去，如同大山般巍峨壮观，给人一种踏实感和力量感。

上船前，第34次南极科学考察队举行了隆重的出征仪式。“雪龙”船上挂了红色巨型条幅，上面写着祝福语和科考队员们的决心：“预祝中国第34次南极考察圆满成功”“为人类和平利用南极做出贡献”。100多位科考队员穿着红色的科考服列队，国家海洋局领导宣布启航，少先队员给出征队员献上鲜花和红领巾。科考队员们接受了来自社会各界的祝福与敬意，不禁心潮澎湃，纷纷表示将不负重托，以更加饱满的热情和坚定的信念，投入南极科考任务中，为国家的南极事业增光添彩。

作者参加第34次南极科学考察

出征仪式结束后，我和队友们沿着舷梯登上了“雪龙”号。回望港口，送行的亲友和群众久久不曾散去，仍然在向船上的人挥手。

随着一声响亮的汽笛声，“雪龙”号缓缓驶离码头，载着我们的梦想与希望，向着遥远而神秘的南极大陆进发。

即将启航的“雪龙”船

在码头送行的亲友们

梦幻航程

船上安全教育与消防演习

启航当天晚上，“雪龙”船临时党委就召开了全体科考队员的动员大会，并进行了安全教育。

安全是第一要务，保障安全才能保障科考任务的完成。船上的三副给大家讲解了几种不同类型灭火器的使用方法。还讲了船上的一些安全注意事项，比如在船上睡觉不能锁门，以防止出现险情时睡得太熟，而其他队员不能进房间施救。到达南极冰上作业时，要穿保暖用的企鹅服，防止低温冻伤和休克。不能穿拖鞋在房间以外的地方走动，防止滑倒。上下楼梯必须手扶栏杆，防止摔倒。船舷上的舱口、门窗等必须关紧，防止浪大时海水进入。热水器烧水结束后要拔下插头，防止干烧……第二天，我们又进行弃船演习。

“嘟、嘟、嘟……”刚刚出发一天的“雪龙”船广播里传来了七短一长的报警声，按照预先部署，所有科考队员迅速穿戴好救生衣来到3楼救生筏甲板两侧。随后，船员检查队员救生衣穿戴是否正确。

每次启航后，按照《国际海上人命安全公约》，船舶应在24小时之内召集乘员，并向乘员介绍救生衣的使用方法以及在紧急情况下应采取的行动，这也是为了使所有科考队员熟悉各自的集合地点，了解救生设备使用方法和应急程序。

为了让大家更快地熟悉起来，船上还举行了聚餐活动。

聚餐

垃圾分类

船上的垃圾实施严格的分类制度。玻璃的、塑料的属于可回收制品，要放到可回收垃圾桶；纸质的、布质的等可焚烧垃圾放在可焚烧垃圾桶；果皮剩菜放在食品垃圾桶。在航行期间垃圾分类制度都如此严格，到达南极地区更加严格。为了保护好南极的环境，各个国家签署了《南极条约》，任何国家的科考队在南极都必须严格遵守，不能留下一点污染，尽最大可能保护南极的原生态环境。

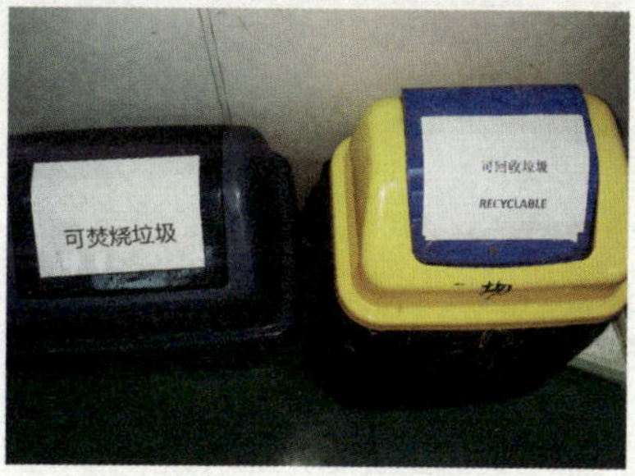

垃圾分类

海景和水手结

启航四五天了，海况不错，我起了兴致，跑到船舱外面，从船头一直走到船尾，欣赏海景，只见海天一色，一片湛蓝，令人心醉。我举起手机拍照，真的是随手一拍就是大片。在船舱外走累后，我又顺道去二楼的酒吧转了一下，酒吧其实很小，只占据了阅读室的一部分，但这时酒

吧并没有营业（只有在一些作业任务完成之后或者在一些特别的节日如春节、元旦时，才会在晚上短暂开放几小时，在吧台服务的也是科考队队友），所以里面没有一个人。我随便逛了逛，在吧台对面的书架上一排排浏览着，取出几本看了一下，没有特别想看的，就又放回原处。

正打算离开时，酒吧墙上贴着的一些艺术品吸引了我

的目光。我凑近一看，原来是水手打的绳结，真的非常漂亮，他们的手可真巧。我想起关于水手结的一些说法，据说打绳结是每位水手的必修课，水手们打的绳结，要经得起风吹日晒，还要经得起海水长年累月的浸泡，所以必须长久稳固，易结易解。甚至还有人说，如果没有水手结，就没有人类辉煌的航海历史。

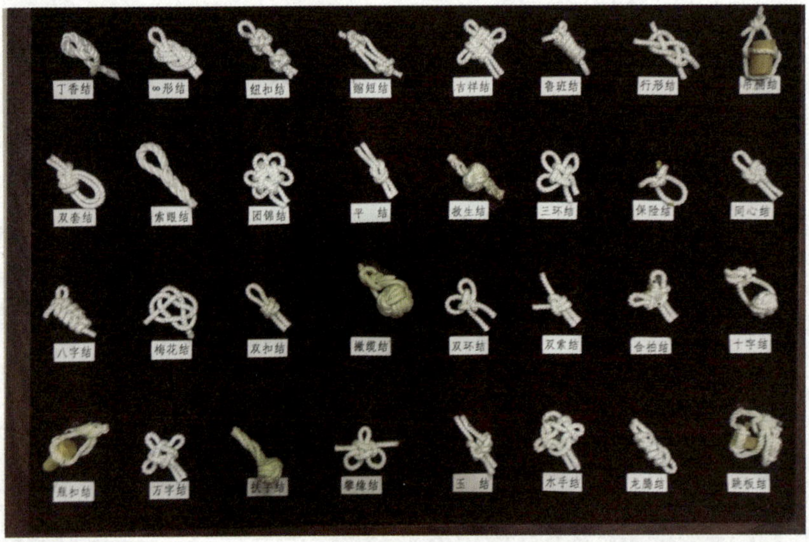

水手结

在“雪龙”船船尾看风景

南极大学

11 月 14 日，“雪龙”船上举行了一场隆重的开学典礼。这所学校就是中国南极大学。

你一定会觉得奇怪，船上怎么还会有大学呢？确实，这是一所特殊的大学，校园的风景就是大海和南极，学生是科考队员，老师也是科考队员。

为什么要在船上开办大学呢？这是因为从中国出发到抵达南极之间的航渡时间较长，在途中开办南极大学，既可以传播知识，交流思想，也可以增进友谊，活跃气氛，丰富科考生活，如今已成为中国南极考察队的传统。

南极大学的开学典礼

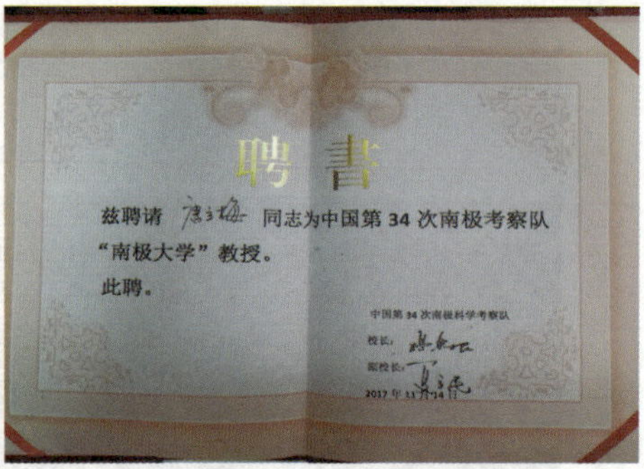

南极大学教授聘书

作者接受南极大学颁发的聘书

作者在南极大学授课

南极大学定期邀请不同专业、不同领域的科考队员授课，为授课者颁发特聘教授的证书。课程开设以科考任务为主线，结合实际讲授知识，内容包罗万象，如自然科学、人文地理、摄影摄像、航海飞行等。授课地点大多在“雪龙”船的多功能厅。

学校自创办以来，至今已毕业数百位学员。学员出勤率达到 80% 以上，在学期结束时颁发毕业证书。我非常荣幸地成为本航次南极大学的第一位特聘教授，为大家介绍了深海资源，并讲述了自己在2013年9月搭乘“蛟龙”号深潜太平洋的科考历程。

过赤道

当地时间11月15日早上9时（北京时间早上8时），随着一声汽笛响彻云霄，“雪龙”船在地球的东经148°19′成功穿越赤道，正式进入南半球，船上宣布“雪龙”船安全穿越赤道，首席科学家致辞，为大家送上祝福。科考队员摆出“34”字造型并举办放探空气球（携带探空仪器进入高空测量温度、大气压力、风速风向、湿度等的

全体科考队员合影

“34”字造型

过赤道时作者在甲板上的留影

作者与其他科考队员一起参加拔河比赛

赤道飞鱼

气球)、拔河等活动，纪念这一特殊时刻。

在航海业不发达的年代，船只穿越赤道不是一件容易的事情，因此能穿越赤道的船只都会举行各种仪式进行庆祝，如祭祀海神等。如今，这项传统延续下来，很多国家的船只都会举行赤道穿越仪式，祈盼航行平安，“雪龙”船也不例外。过赤道当天的庆祝活动丰富多彩，大家都很开心，积极参加活动，并纷纷合影。

赤道附近海况平稳，风浪很小，有飞鱼出没。这些美景也吸引大家在活动结束后久久驻留在甲板上。此时艳阳高照，人们的心情分外舒畅。

认识泰山站设计师

11 月 16 日，我在就餐时碰见泰山站的设计师王中军，于是向他请教了一些问题，还好奇地问起泰山站为什么会设计成“红灯笼”，这种灵感是从哪里来的。

王中军说，“红灯笼”的设计并不是一开始就想到的，而是在造型过半时提出来的。设计团队发现它确实比较像灯笼，就索性往灯笼的形象上靠了一下，特别是在色彩上。

在与他聊天的过程中，我对南极科考站的建筑物有了更深的理解，虽然人们对建筑物的美观有极致追求，但首要一点是实用。比如，泰山站“红灯笼”其实不光是一个造型概念，而且是考虑了南极气候特点而设计的。因为灯笼是圆形的，建筑的体积和表面积之比相对合理，所以散热面积少，有利于保温，这正是南极建筑物最需要的。此外，由于泰山站巧妙地设计了弧线造型，因此抗风能力比较好。南极被称作“世界的风极”，南极的风常令科考队员们谈“风”色变：“南极的冷不一定能冻死人，南极的风能杀人。”泰山站别具一格的设计使得风无论从哪个方向来都能快速通过。

泰山站最特别的一点是悬空建造，主体建筑离地面有多根 2 米高的立柱，这样设计是为了风从建筑物下方穿过去的时候能加速，从而把地面上的积雪吹走，这样泰山站就不会被积雪掩埋。主体建筑设计成灯笼形状（也有人称为飞碟形状），上表面扁平，下表面凸起，这样会使主体建筑的下方风速加快，不仅更容易吹开积雪，也会降低下表面的空气压强，使得主体建筑更稳定。

泰山站所在的伊丽莎白公主地的风速非常大，最高可达到 60 米 / 秒。为了把泰山站建得牢固，设计过程中采用了先进技术进行模拟测算，同时也为泰山站模型做了风洞试验。

提起泰山站，王中军有说不完的话。他感慨地说，做建筑就像打造一件艺术品，总会留下遗憾，但在下一个科考站的建设中，他们会努力克服这一次留下的遗憾。

吃完饭，大家起身要走时，王中军主动提出给我吃饭的碗上画几只企鹅。我很开心，在“雪龙”船上巧遇泰山站设计师，也属难得的缘分。而在去往南极的途中，在一日三餐用到的碗上添上这些南极元素，太有意义了。王中军取出随身带的马克笔，信手就画起来，只寥寥几笔，就用简单的线条勾画出企

设计师王中军给我画的企鹅

鹅憨态可掬的模样。他画的居然还是相亲相爱的企鹅一家，这温馨的画面瞬间让我想起了远在万里之外的家人。

建筑设计师王中军在南极

酷似红灯笼的泰山站

03　靠港新西兰

经过18天的海上漂泊，“雪龙”船终于在新西兰的克赖斯特彻奇（Christchurch）靠港了，我们可以下船活动两天。

克赖斯特彻奇位于新西兰南岛东岸，被誉为“花园之城”，是新西兰第三大城市，仅次于奥克兰和惠灵顿，也是新西兰除奥克兰和惠灵顿以外，来往世界各地的第三大门户。克赖斯特彻奇地势平坦，人口约37.5万，拥有浓厚的英国气息，艺术文化氛围浓厚，设施完备。

我跟着外事活动联络组去了国际南极中心（International Antarctic Centre）进行学术交流，还做了题为《随“蛟龙”深潜》的报告。国际南极中心是为管理新西兰、美国、意大利的南极研究项目而建的，同时它也是孩子们喜欢的科学馆和知识馆。在这里，你不仅可以了解南极的历史、地质等情况，还可以看到水下采集的标本。这

在新西兰南极局学术交流

在国际南极中心留影

乘坐全地形车绕圈体验户外探险后合影

里有一个很好玩的体验项目叫作“南极风暴室”，走进去后让人如同踏上南极大陆，身临其境地感受到那种刺骨的寒冷。

我们在学术交流结束后去克赖斯特彻奇城市中心逛了逛。首站去了市内植物园(Botanic Gardens)，这座始建于1863年的植物园如同一个繁花似锦的大园林，有上万种本地或者引进的植物，它们在不同的季节拥有不同的色彩，争奇斗艳、芳香袭人。徜徉在这样的花海里，真让人流连忘返。

克赖斯特彻奇植物园的花

04 穿越“魔鬼西风带”

如果乘船去往南极，必定要经过“魔鬼西风带”。这一海域在南纬 45° ～ 60° 附近，常年西风不断，气旋频繁，风大浪高，气候恶劣，平时最小的风力也有 7 ～ 8 级，大多时候都会达到 10 ～ 12 级，船只航行极为危险，故被称为“魔鬼西风带”。

还没上船时，我就听说过西风带的各种传说，西风带有着各种各样令人胆战心惊的名字，如“魔鬼西风带”“咆哮西风带”“疯狂的 50° ”“尖叫的 60° ”，听着就不是个“善茬儿”。好在我一向体质不错，又是那种越有挑战越兴奋的性格，当年报名参加“蛟龙”号大洋深潜时眼睛都不带眨的，选择去南极科考，对这些困难早就有心理准备了。

“雪龙”船终于抵达了“魔鬼西风带”，考验真的来了。

在巨大的风浪中，上万吨的“雪龙”船就如沧海一粟，时而冲上浪尖，时而潜入水下，门窗进行了封闭，货物也做好加固，全船上上下下都严阵以待。但是，大多数科考队员仍然出现了不同程度的晕船，不仅不能到餐厅正常进餐，甚至被颠簸得连胆汁都吐了出来，只得通过药物或打晕船针来缓解。

克服晕船最好的方式就是“躺平”——紧紧地扒着床沿躺平。这时，耳边不停地响起书本、杂物等掉落的声音，各种容器碰撞的声音，此起彼伏，热闹至极。被我固定在墙角的行李箱、拉杆箱也难以幸免，全被打翻了，在我的舱里跳起了“交谊舞”。一大批人因为晕船而没有吃饭，趴在床上。我也晕船了，吐了一次，躺了一天。

没坐船经历过“魔鬼西风带”的人可能难以想象这种晕船感，看看“老南极”们编的形容晕船状态的顺口溜就知道了：一言不发，二目无光，三餐不食，四肢无力，五脏六腑，七上八下，久久卧床，十分难受……

第五章

南极科考的故事

向南！向南！向南！

冰雪大陆，我们来了。

勇敢的探险者——中国的科考队员们穿越赤道，穿越令人闻之心惊的“魔鬼西风带”，终于抵达了南极大陆。在这里，他们迎着凛冽的寒风，踏过茫茫冰雪，在中山站卸货，在罗斯海畔建科考站……科考队员夜以继日地工作。每一次科考都是一次对未知的挑战，每一份数据都是人类智慧与自然对话的见证，每一个足迹都承载着人类对科学无尽的追求和对自然深深的敬畏。

01 抵达南极

穿过“魔鬼西风带”之后，“雪龙”船依旧向南行驶，突然有一天，外面下雪了。我感觉离南极越来越近了。

12月1日晚上开始，海况逐渐平稳，跟之前深陷“魔鬼西风带”时的天昏地暗比起来，此时真有种岁月静好的感觉。可能是因为前些天晕船和没睡好，身体异常疲乏，我一夜睡得非常香，早上睁开眼睛时发现已经是当地时间8点半了（北京时间3点半）。

我拉开窗帘一看，大吃一惊：海面上居然有大片的浮冰。船碰到冰的时候开始破冰，发出“咚咚咚”的声音，所向披靡，辟出一条航道来，果然体现了破冰船的威力。

我向远处眺望，此时已经能看见一些巨型冰山了。这些冰山形态各异，有的有尖尖的帽子，有的中间融化了形成一座拱桥的造型，真让人感慨大自然的神奇。此时是南极的夏季，是极昼，因此24小时都有太阳，虽然此时没有绚丽的极光，但是白茫茫的浮冰也已经让人非常震撼了。

等我看到第一只企鹅时，不禁兴奋得从床上一跃而起。接着，我看到了一大群可爱的阿德雷企鹅在水里游泳，跃到冰面上晒太阳。船在浮冰区航行时，离这些可爱的企鹅越来越近。不远处，还有一群身材臃肿的海豹在冰上酣睡，偶尔慵懒地抬头看看我们，丝毫不介意巨大的“雪龙”船轰隆隆地从它们身边驶过。几抹雪鹄洁白的身影从我的窗外闪过。这就是南极了！这些美景让人觉得这一路颠簸都是值得的，风雨过后有彩虹，艰难过后果然有美景。

“雪龙”船已置身在冰的海洋，室内虽然有空调，也明显变冷了。我走出房间，只见队友们都穿上了毛衣等厚衣服。外面是白茫茫的一片，我已迫不及待地要去甲板上拍照片了。

这是我人生中第一次到达南极，看到真正的南极企鹅，而不是动物园企鹅馆里的企鹅，心情不能不激动。很多队友跟我一样，兴致勃勃地跑到甲板上去拍照，大家都想离企鹅更近一些。吃午饭的时候，大家兴奋地说起今天见到的美景，但那些常年随“雪龙”船跑南极线的船员、水手对此早就不新鲜了，比如有个水手已经来南极16次了，对冰川、企鹅早已习以为常，我们出去拍照的时候，他就在船舱里睡大觉。

雪 龍
XUE LONG

CHINARE
XUE LONG
COSCO

02　中山站卸货

在离中山站38千米的地方，“雪龙”号突然停下来了。

这时我们有一个很重要的任务：为中山站卸货补给，这也是历次科考最重要的任务之一。按计划，“雪龙”号将在中山站附近停靠8天，其间将向中山站卸运430多吨物资，包括280吨考察物资和150吨燃油。

中山站作为南极科考的重要基地，其物资补给需求量大且种类繁多。这些物资不仅保证了科考队员的基本生活需求，如食品、衣物和住宿设施，还满足了科学研究的需要，如实验设备、观测仪器等。通过及时的卸货补给，中山站能够维持正常运转，为科考队员提供一个安全、舒适的工作环境。

另一个任务就是接中山站的越冬队友上船。这些队友是2016年11月份从国内出发，随“雪龙”号到达的南极，他们已经在中山站待了一年多的时间，要随我们这次科考结束后一起回家。这些队员在考察站度过了一个冬天，经历了漫长而寒冷的极夜。在这样恶劣的环境中，他们的工作是保证考察站设备的安全运行和一些常年观测项目的进行，非常辛苦。与越冬队员相对应的科考队员通常称作“度夏队员”。度夏队员就是像我们这样在南极的夏天时去科考的队员，趁南极的天气还没有那么恶劣之时，开展野外的科考工作和站区建设工作，等南极冬天到来之前，我们就随“雪龙”船撤离南极了。

此时，“雪龙”船停在这里，是因为遇到了陆缘冰，开不动了。陆缘冰不同于我们在距中山站 42 千米时遇到的密集浮冰区，遇到浮冰时，“雪龙”船只需将浮冰推开就可以继续航行，而陆缘冰是一大片的，通常沿着海岸形成，并与海岸或者海底冻结在一起，是与南极大陆相连的一种最为坚硬的海冰，遇到它，“雪龙”船就只能硬撞。在中山站的外围，通常有 15 ～ 50 千米的陆缘冰区域，这片连接南极大陆的巨大冰区成了我们前往中山站最大的“拦路虎”。

这里冰的厚度是 2.5 米,“雪龙”号的破冰能力是 1.2 米，所以在吭哧吭哧破了一晚上冰之后就再也不动了。船长对冰情分析进行了综合研判，最终决定“雪龙”号不再继续挺进。这块陆缘冰区较为平坦，冰情较稳固，可作为直升机吊运货物的中转平台。

“雪龙”号停靠在离中山站38千米的地方，船舱里的物资怎样运送到中山站呢？有人说用雪橇，不是的，用雪橇的工作效率太低了，其实船上有两架直升机，船上还有停机坪和机舱。“雪龙”号的船载起重机先将船舱内的集装箱、油罐等物资吊至船身两侧冰面，随后“雪龙”号船载“雪鹰12”直升机开始向中山站吊运物资，每次往返约耗时30分钟。因为我们去的时候正值南极夏季，天上24小时都有太阳，所以很方便机组作业，机组实行三班倒，8小时一班。最后鏖战三天，这些随“雪龙”号在海洋上跨越了10000多千米运来的宝贵物资，全部运到了中山站。

由于南极天气多变，不仅海洋会变，海冰也会变。在中山站附近的固定冰外围，也存在着非常危险的乱冰区，冰面上有时还会有积雪覆盖的冰裂隙，这些会给卸货作业造成很多的不确定性。所以，在卸货过程中，科考队员需要克服南极恶劣的气候条件，如极低的温度、强风和冰雪覆盖等。需要使用专业的装卸设备，如吊车等，以确保物资能够安全、高效地卸载。同时，还需要遵守严格的环保规定，确保卸货过程不会对南极环境造成损害。

总之，为南极中山站卸货补给是一项艰巨而重要的任

直升机出列

物资搬运

务。它需要科考队员们克服重重困难，确保物资安全、高效地到达中山站，为南极科考活动的顺利进行提供有力保障。

吊货

作者在中山石前留影

雪龍
XUE LONG
CHINARE
34
CHINARE
中国第三十四次
南极科学考察队

南极中山站

卸货终于结束了，我们抓紧时间参观了中山站。大家可能会好奇，卸货期间难道不住在中山站吗？我们并不是都住在中山站，因为中山站的宿舍楼是供越冬队员和内陆队员住的。我们第 34 次南极科考中的大洋队队员都住在“雪龙”船上。

中山站建于 1989 年，位于东南极大陆拉斯曼丘陵。如今是我国规模最大的南极考察基地，建筑面积达 7400 平方米，有各种建筑 18 座，包括办公栋、宿舍栋、气象栋、科研栋、发电栋、车库等，还有雪冰实验室和极区空间实验室。整个中山站如同南极大陆上的一座现代化“科技小镇”。

中山站有一栋楼叫六角楼，可以进行极光观测，这是清华大学张毅教授的团队设计的。

中山站不仅是南极内陆科考的枢纽站，同时也是“雪鹰 601”固定翼飞机的保障基地。中山站有巨大的停机坪，“雪鹰 601”固定翼飞机可以在这里起飞和降落。“雪鹰 601”固定翼飞机不是一般的飞机，而是我国首架极地科考

作者在六角楼前留影

中山站地标——京剧脸谱油罐

固定翼飞机，集快速运输、应急救援和航空科学调查于一体。它搭载了冰雷达、航空重力仪、航空磁力仪、激光测高仪等多种科学观测设备，因此被科学家们誉为“空中实验室”。

前面说我国要建第五个科考站，当时建设队还把它叫作罗斯海新站，后来才命名为秦岭站。中国铁建集团的20多位建设队员到岛上之后，在那里风餐露宿20多天，终于建成一个科考站的雏形。

中山站的路标

03 奔赴难言岛

离开中山站后，我们又乘“雪龙”船奔赴下一站——罗斯海的难言岛（即恩格斯堡岛，位于南纬74°55′，东经163°46′，占地约70平方千米）。去这里最重要的任务是卸货，因为即将启动修建我国第五个科学考察站。这次从国内运来很多建站物资，都将卸在这里。

为什么要在难言岛上建科考站？前几次的南极科考队已经做了多方面勘测和调查，最终经综合考虑选在这里建站。科考站选址的附近，还有德国、韩国和意大利的考察站，向南300千米就是美国最大的南极科考站——麦克默多站，可见这里很可能成为未来南极考察的热点区域之一，因此我国在这里建设一个常年考察站有十分重要的意义。

说起难言岛，不妨提一下它的得名，通常的说法是，英国南极探险队北方分队于1910～1913年首次勘测此地，在勘测期间，该分队由于补给不足而在岛屿的雪堆洞穴中度过了一个艰难而痛苦的冬季，故名“难言岛”。

对前往南极旅行的人来说，难言岛这样苦涩的名字确实不够吸引人，会让人忍不住联想到乱石、荒原、寂寞、痛苦。但事实与名字完全相反，难言岛的风景美如仙境。据此前登岛的科考队员回忆说：“这里实在太美了！蓝天、白云、碧海、雪山，从未见过如此纯净的地方，简直就是人间仙境！”

在南极，还有很多千奇百怪的地名，比如，“孤独岛”“失望角”“愤怒湾”等。还有一类奇怪的地名，比如“皇家学会山”，听起来十分严肃，其实是一片白雪皑皑的绵绵群山，风景壮美。得名的原因只是这个学会曾赞助过某次探险。

航行几天后，“雪龙”船再次停下来，我向外面望去，一片广袤的陆地映入眼帘。

这一片的冰都很厚，停船前，我们的“雪龙”船一直在吭哧吭哧地破冰。企鹅们很可爱，本来在冰上休息的它们一看到船过来就立马跑开了，颠着小脚，远远看去，像一群小鸭子。有的跑着跑着就趴在冰上滑行而去，有的直接就钻到水里去了。

海上到处都是冰，因为无路可走了，“雪龙”船只好停

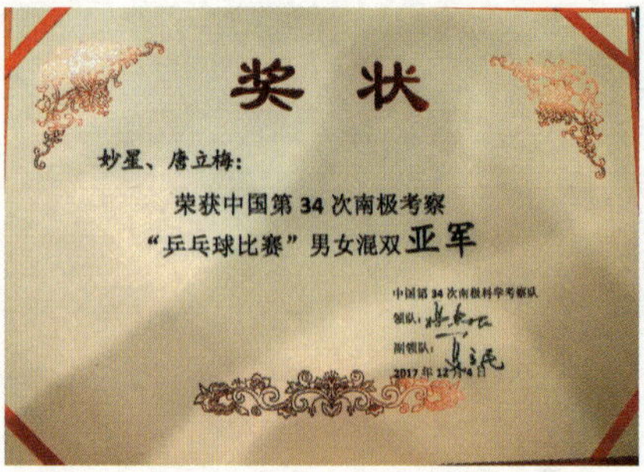

作者获得乒乓球比赛混双亚军

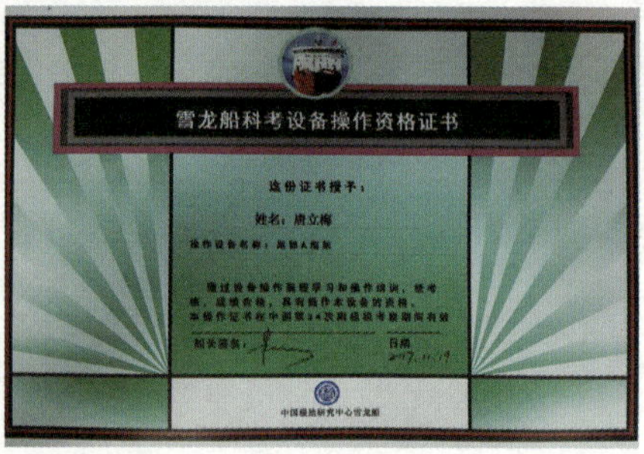

作者获得的A型架操作资格证书

下来，派直升机去探路。直升机就像孙悟空似的，突然飞出去盘旋一圈，过了四五十分钟，又回来了。它已经成功地找到了一条相对容易破冰的航道，“雪龙”船又接着破冰。

船上举行了乒乓球比赛，我跟队友妙星一起获得了男女混双亚军。后甲板操作A型架的证书也发下来了。后天就要到达我们的第一个作业区——罗斯海了。

到达罗斯海

12月7日，“雪龙”船到达罗斯海难言岛附近时，我们看到了雪山。

难言岛周围的冰太多太厚了，“雪龙”船根本没有办法靠近岛屿，只好又派出直升机去巡逻，看哪里能靠近岛屿，以便卸货。

罗斯海太美了，湛蓝的天空，静谧的海水。派出去巡

SA365N 直升机

逻的直升机回来了，因为海冰太多，船不能靠近岛屿，最后只能用直升机卸货。在距离这儿 38 千米的地方，有意大利的科考站和韩国的科考站。

在新西兰靠港的时候，我们还帮意大利科考站捎了一些设备，所以当我们停泊在这里卸货的时候，意大利的“小松鼠”直升机飞过来把“雪龙”船为他们捎的设备吊走，前后一共吊了 4 次才吊完。

我国的 KA-32 直升机

中午的时候，我们还尽了地主之谊，盛情邀请意大利科考人员在“雪龙”船上享用了午餐。厨师做了香喷喷的猪蹄，我看意大利科考人员吃得非常香，中餐对他们来说肯定是美味的。韩国的“小松鼠”直升机也飞过来参观我们的“雪龙”船。一天之内，意大利和韩国的科考人员都来做客，好不热闹。

意大利的“小松鼠”直升机

10 级大风

12 月 15 日，“雪龙”船遇到气旋（又称低气压，是指大气中水平气流呈逆时针或顺时针旋转的大型涡旋）了，海面上刮起了 10 级大风，狂风裹挟着雪花，海天之间白茫茫一片，能见度很低，我感觉要停船了。果然，我们听到了停船的通知。这时，我隔窗向外望去，“雪龙”船如同一条巨龙，停在冰间湖区域，靠在冰上，可能需要一天的时间来避风，明天风速小了再前进。

船上所有作业几乎都停止了，广播里还说，外面风大雪大，不要外出。如果需要外出，先联系驾驶台。

南极科考中变数最大的就是天气，人类在大自然面前是渺小的，我们无法控制或者改变天气，只能尊重眼前的变化，顺应规律，在不利的天气条件下先养精蓄锐。天气好才能干活，天气不好，你一点儿脾气都没有，只能老老实实等着。

那些参加建站的队员本来要在罗斯海的难言岛下船建站，但由于海冰太多太厚，船不能靠近岛屿，一些大型设备如发电机等无法运上岛去，因此这些队员不能上岛建站，要等下次回来时再建。

我真是由衷佩服小企鹅们，能在这样艰苦的地方生存下来。上次设计师王中军给我画在饭碗上的企鹅图案差不多洗掉了，因此，我再次碰见他时又请他画了企鹅和熊猫，这些小动物都被他画得活灵活现，十分可爱。

漫天风雪

设计师王中军第二次帮我在碗上作画

04 在难言岛采集岩石样本

难言岛虽然风景很美，环境却十分恶劣，常年有六七级大风，瞬时风力可达到 8 级以上，有很强的地吹雪。“地吹雪”这个名字听起来有点美丽浪漫，但它十分不善，杀

伤力非常强。地吹雪是指大风吹动浮雪像流沙一样铺天盖地而来。在南极的野外遭遇此种天气，发生不测的风险很大。

刚踏上这个小岛时，我们对它的初始印象也很美好，没有风的时候，蓝天、白云、雪山，眼前的风景如同人间仙境，还有企鹅做伴。在向岛中心走去的途中，冰雪渐渐没了踪影，露出大片平坦的碎石地（如果不是气温低、风大，脚踩在这样的碎石地上还有几分河边石滩的诗意），也有雄奇壮观的巨型石头（这些石头估计在这寂寞荒凉的地方待了上亿年，外表有些风化了，更显沧桑），远处连绵起

伏的雪山上还残留了一些雪，为眼前的碎石滩景象增添了几分秀美。

南极为什么会有这样大大小小的碎石？这主要是因为气温低，受冰川冻融作用，岩石风化严重，从而形成了碎石。走在这碎石地上，稍不留神就会崴脚、摔跤。刮大风的时候更可怕，一片飞沙走石，人都站立不稳。虽然这些碎石为科考站建站带来很多困难，但对我们搞地质的人来说，却是一件值得兴奋的事情。

我向指挥部申请了在难言岛采集岩石样品，对南极大陆古生代的岩浆作用和构造演化历史进行研究。指挥部同

科考队员在难言岛整装待发

意之后，其他队友和船员都很羡慕，说我是全船唯一一个具有合法采样权的人，持证上岗采石头，而其他队友是不能随意带走南极的任何一小块石头的。为了保护南极的环境，所有踏上南极大陆的人都必须遵守《南极条约》的规定，不能在南极留下任何东西，也不能带走南极的任何东西，哪怕一小块石头，用于科考的除外。

我去采集岩石样品时，科考队还特意为我增派了两个队友组队。出于安全考虑，在南极，科考队员是不许单独行动的。这两位队友不是学地质的，但他们俩也特别乐意跟我一起去，这样就不用天天拘束在船上了。

去考察的第一天，我们带了罗盘、锤子、样品袋、对讲机，穿上企鹅服、雪地靴，戴上面罩、墨镜、帽子、手

作者在难言岛地质科考时携带的工具和手套

和直升机合影

套，由于南极的紫外线很强，所以我们必须把自己武装得严严实实，连脸都看不见了。

我们背上干粮，早上 8 点从“雪龙”船上出发，由直升机把我们送到岛上，开始一天的野外考察和采样，再约好晚上 8 点的时候在苹果屋前面会合，直升机来接我们和采集到的岩石样品。

苹果屋是科考队在陆地上搭建的一种帐篷，非常结实，里面有一些必备的物资，如电暖器、热水壶、床垫、食物和水等。在南极工作的任何国家的科考队员路过时，都可以到里面进行暂时的休息。由于它外观是绿色的，圆圆的，很像青苹果，因此取名“苹果屋”。

在难言岛采集岩石样品时，我们全程都是带着对讲机的，每过两小时就要向船上的指挥部汇报一次，因为那里真的几乎没有人类的脚印，万一你找不到方向了，可以随时与船上保持联系，以确保安全。还好一切顺利，晚上 8 点的时候直升机准时接到满载而归的我们。我们在难言岛上还看到了一些阿德雷企鹅和贼鸥，很有意思。

绿色的苹果屋

05 南极的特色生活

南极的特色“春晚”

南极的自然条件是极度恶劣的，比如暴风雪、冰裂缝等。抵御暴风雪需要防寒服、护目镜，还有队员强大的意志力。冰裂缝无处不在，却又隐藏极深，茫茫白雪之下很难判断是否有可怕的冰裂缝，因此要特别小心，一旦掉进去必须赶紧爬上来，否则有生命危险。

南极的孤独和寂寞也是常人难以想象的，需要面对长时间与家人分离和环境单调的问题。不过，全船有几百人，大家和睦相处，互帮互助，就像一个温暖的大家庭。此外，作业任务很多，文化体育生活丰富，这些都是缓解思乡之情和应对孤独寂寞情绪的良方。

2018 年农历戊戌年春节来临时，我们从除夕下午就停下手头一切工作，聚在餐厅里一起包饺子，还在船舱里到处贴春联、挂灯笼，忙得不亦乐乎，接下来就等着南极“春晚”开场。除夕那天早上，我们女科考队员都收到贴心的提醒，“春晚”穿裙子，打扮得美美的，迎接新年的到来。第34次南极科考队里只有5位女性队员，分别是档案主任、央视记者、两位气象预报员和我。我们平时外出都要穿企鹅服，南极的夏季其实也不是特别冷，平均温度是-8℃左右，穿企鹅服完全够了。船舱内很温暖，穿薄毛衣、衬衣都可以。

南极“春晚”的主持人是两位男士搭档两位女士，很有仪式感。为了这场晚会，大家都早早地精心准备了节目。“春晚”终于开场了，节目丰富多彩，气氛异常热烈。我们虽然远在祖国10000千米之外的南极大陆，但聚在一起庆祝新年到来，也就不再孤单了。

“雪龙”船出征南极时也经常会有其他国家的科考队员，2018年的春节就有几位新西兰队友跟我们一起度过。此外，因为中山站附近还有俄罗斯站、印度站、意大利站、韩国站，我们也会在节日期间与他们进行一些交流活动。

贴“福”字、包饺子，在南极欢度春节

帮厨

在“雪龙”船上，我们除了执行自己的任务，还会经常去其他组帮忙，去餐厅帮厨，比如帮忙扒扒蒜、择择菜，每过几天就会赶上一轮。船上人多，厨师们要做很多菜，所以每次我去帮厨时总要扒满满一大盆大蒜。每次帮厨择菜后，我中午就不太想吃饭，“雪龙”船已经将近 3 个月的时间没有靠港了，蔬菜完全烂掉了。船上有豆芽机，厨师会发豆芽，会做豆腐，所以后来就是靠吃豆芽、豆腐充当蔬菜。鱼虾、牛羊肉、猪肉储备量十分充足，从来都不缺。

中山站的食物储藏室

虽然环境恶劣，条件艰苦，但在这片冰雪世界里，科考队员们用自己的勇敢和智慧将每一份采样、每一个数据汇聚在一起，而这终将与我们每个人的命运息息相关。有幸成为其中一员的我，更是对自己的坚忍和毅力发起了挑战。我希望，这些难得的经历和每一次发现，都能激励一代又一代人继续前行，探索南极未知的世界。

友情和“网吧”

“雪龙”船上有科考队员、建站队员、轮船机组成员，也有中央电视台和新华社的记者，有医生，有厨师。全船成员因为共同的任务，从天南地北相聚在“雪龙”号，大家都非常珍惜同行165天的缘分。

进入南极圈后，船上完全没有网络信号了，大家就只能放下手机面对面交流，这样便结下了深厚的友谊。

不过，我们也不是过着完全没有网络的生活，当中央电视台记者和新华社记者向国内传新闻的时候，他们会架起海事卫星，我们就“可怜巴巴”地守在旁边蹭一点网，但网速很慢，手机半天才弹出一条消息，我们因此也把这个网络戏称为“央视网吧”和“新华社网吧”。

垃圾处理

南极素有“地球上最后一片净土”之称，为了保护它独特而脆弱的生态系统，1991 年通过的《关于环境保护的南极条约议定书》。从“南极环境评估”“南极动植物保护”“南极废物处理与管理”“防止海洋污染”和“南极特别保护区”5 个方面，对各国南极科考活动作出了严格规定，特别强调各缔约国要对固体废弃物、食品废弃物、化学药品废弃物及可燃性废弃物采取不同的处理方式，以免对脆弱的南极环境造成损害。

前面我讲了“雪龙”船上的垃圾分类，这里要讲的是科考站垃圾回收处理。在南极，我们的各种垃圾都是要回收的。比如在中山站，它有先进的废物、污水处理系统，可以及时处理站上产生的垃圾。此外，每天有值日队员会将站上的食物、纸类，甚至科考队员的粪便等送到废物处理设施中进行焚烧处理。夏季，站上人员较多，垃圾焚烧工作量较大，一般 2 天左右就要焚烧一次，每次焚烧需要 6 ~ 7 小时；进入冬季后，站上人员少，产生的垃圾也大幅减少，需要焚烧的次数和时间就少很多。

垃圾焚烧后产生的炉灰怎么处理呢？这也不能随意倾倒在南极的土地上，而是要及时封箱处理，到时随“雪龙”

号一同运回国内。那些不能焚烧处理的垃圾如金属、玻璃等则被压碎封箱，也会随“雪龙”号一同运回国内。

南极精神

在南极，对科考队员会造成生命健康威胁的，除了极寒的天气、极强的紫外线，还有那些冰雪覆盖之下危险的冰裂隙。曾有队友不慎掉进冰裂缝里，但是他及时进行了自救，幸运地逃出生天。因为一旦掉进冰水里超过 3 分钟，就会全身失温，生命就很难挽回了。

有队友在日记里写道，我们跨出的每一步都有可能是人类在南极留下的第一个足迹，但也可能成为自己人生的最后一步。

作者在难言岛

06　南极归来

返程

当“雪龙”号再次穿越“魔鬼西风带”时，意味着历时165天的南极科考就要接近尾声了。按计划，还有十来天我们就能回到上海。这次大家晕船的状况明显缓解了很多，我们聚在一楼乒乓球室，在运动中克服晕船。

2018年3月8日，船上的女同胞们一起欢度了属于我们自己的节日，哪怕是航行在茫茫大海上，仪式感也未曾缺席。

渐渐地，幽蓝的海面再次出现眼前。返程靠港新西兰时，我们偶遇了“乔迪斯·决心”号大洋钻探船靠港，得以上船参观。“乔迪斯·决心”号大洋钻探船是世界上最先进的大洋钻探船之一，目前是大洋钻探计划以及综合大洋钻探计划中的专用钻探船。船上有12个用于动力定位的强劲推进器和提升能力达400吨的世界上最大的升降补偿装置。此外，1400平方米的七层实验室可供开展沉积学、岩石学、古生物学、地球化学、地球物理学等领域的分析研究。

“雪龙”号一路北上，再次穿过了赤道。如同我们上次奔赴南极时穿过赤道一样，我们再次举行了赤道穿越仪式，祈盼航行平安，活动丰富多彩，大家纷纷合影留念，珍惜这难得的相聚时光。

4月21日，“雪龙”号在经历了漫长的165天、行驶了3.8万海里之后，重新回到了阔别已久的祖国怀抱，停泊在位于上海的中国极地考察国内基地码头。我们一一走下舷梯，与在码头上迎接的亲朋好友握手。这意味着中国第34次南极科考画上了圆满的句号。

本次南极科考收获颇丰，围绕罗斯海新站建设、南极环境业务化调查评估和南极大西洋扇区海洋环境综合考察三大任务，圆满完成78项调查任务和22项保障支撑任务，取得了一批重要成果。

KAMOV
中国南极考察
CHINARE
海直通航
B-7817

第六章

如何成为南极科考队员

几个世纪以来，

南极都是我们最终的目标……

人类探索的最后一个挑战……

成为一名南极科考队员，不仅是对个人专业能力的考验，更是一次心灵与意志的洗礼。首先，须具备相关领域的专业知识与实践经验，如地质学、生物学、气象学等。其次，良好的身体素质和心理承受力亦不可或缺，因为这里环境极端恶劣，生活条件艰苦。南极科考队员身上最闪耀的是他们的精神品质：面对困难永不退缩的勇气、对科学真理执着追求的信念，以及对自然环境深沉的热爱与尊重。正是这些品质，让每一位科考队员都能在冰雪世界留下自己的印记。

01　南极科考队员面临的挑战

南极科考队员的生活充满了挑战与乐趣。他们需要在极端恶劣的气候条件下工作，温度极低，风力极大，冰雪覆盖了大部分的土地。因此，科考队员们需要穿着厚厚的防寒服，戴着护目镜和口罩，以应对恶劣的环境。

南极的地理环境也非常复杂，冰川、冰山、冰洞等各种地形给科考队员们的工作带来了很大的困难。他们需要修理设备，进行各种科学实验和观测，维护空间环境观测设备如高频雷达等。

在南极，科考队员们的生活条件相对艰苦。由于空间狭小，吃饭时需要分批进行，甚至有时为了节约水资源，会在碗上套塑料袋，这样就不用洗碗了。此外，他们需要依靠车厢内的电暖器和电热毯来取暖。在这种环境下，保持良好的心理状态也是非常重要的。

然而，南极科考生活也有其独特的乐趣和意义。科考队员们可以近距离观察到极地风光，欣赏到壮丽的冰山和冰川，感受到大自然的神奇和伟大。同时，南极也是科学研究的宝库，科考队员们可以在这里进行各种科学实验和观测，为拓展人类的科学知识作出贡献。

总的来说，南极科考队员的生活充满挑战和机遇，他们通过合作，共同克服困难，保证科考工作的顺利进行，为人类的科学探索事业作出了巨大的贡献。

02 如何成为一名南极科考队员

要成为一名南极科考队员，你需要满足一系列条件和要求，并经历相应的选拔和培训过程。

教育背景与专业技能：你需要具备相关的教育背景，特别是在生物学、地质学、海洋科学、气象学等与南极科考相关的领域。这些学科知识将为你提供必要的理论基础，帮助你更好地理解和应对南极的极端环境。

身体素质与适应能力：南极的气候条件极为恶劣，你需要有出色的身体素质和适应能力，包括良好的耐寒能力、体力和耐力。此外，你还需要能够长期适应孤独和封闭环境，因为南极科考工作是在遥远的南极进行，远离祖国和亲人。

参加选拔与培训：南极科考队员的选拔非常严格，你需要通过一系列测试和面试，以证明你的能力和适应性。

一旦被选中，你将接受专门的培训，包括生存技能、紧急救援、科学研究方法等方面的训练。

实践经验与志愿活动：在申请成为南极科考队员之前，你可以尝试参加一些与南极科考相关的实践活动或志愿项目。这不仅可以提升你的实际操作能力，还可以让你深入了解南极的环境和生态系统。

关注招聘信息与渠道：南极科考队员的招聘通常会在特定的时间通过特定的渠道发布。你可以关注相关的政府部门、科研机构或国际组织的官方网站，以便及时获取招聘信息。

最后，我想强调的是，成为南极科考队员并不是一件容易的事情，如果你对这份事业充满热情和信念，并且愿意为之付出努力和时间，那么你一定有机会实现自己的梦想。同时，你也需要意识到南极科考工作的艰辛和危险性，做好充分的准备，并掌握应对方法。

03 南极科考中使用的设备

南极科考中使用的设备非常先进，这些设备在极端环境下发挥着至关重要的作用。以下是一些主要的设备。

科考船

“雪龙”号和“雪龙 2”号：作为中国南极科考的主力船只，它们不仅具备强大的破冰能力，还搭载了多种科研设备和实验室，能够在南极海域进行长时间的科学考察和后勤保障。

航空设备

“雪鹰 601”固定翼飞机：作为中国南极第一架固定翼飞机，它发挥着空中交通和科学考察的重要作用。科考队员利用它进行空中观测、物资运输和人员接送等任务。

无人机：近年来，无人机在南极科考中的应用越来越广泛。它们可以执行潜 / 浮标回收、环境监测等任务，具有灵活、高效的特点。

探测和监测设备

冰雷达：用于探测南极冰盖的冰层结构、冰厚和冰下地形地貌，帮助科学家评估冰盖稳定性和未来变化。中国科学家已经自主研发了深部探测冰雷达系统和浅层高分辨率探测冰雷达系统。

潜标和浮标：这些设备被布放在南极海域，用于长期监测海洋环境参数，如温度、盐度、流速等，为科学家提供宝贵的数据支持。

浮标

水下机器人：具备在极端环境下进行水下作业的能力，可以执行海底地形测绘、生物样本采集等任务。

投放浮标

取海水样品

实验和科研设备

实验室设备：南极科考站和科考船上配备了各种实验室设备，如冷冻高速离心机、气相色谱仪等，用于进行样品分析、数据处理等科研工作。

自主研发的新技术、新装备：如近红外望远镜、可移动太赫兹望远镜系统、南极无人值守智慧能源系统、“雪豹”2极地特种载具、无人智能载具等，这些设备在南极现场开展应用和测试，提高了认识极地、保护极地、利用极地的基础水平。

通信和导航设备

卫星通信设备：确保科考队员在南极极端环境下能够与外界保持联系，传输数据和指令。

高精度导航设备：如GPS（全球定位系统）、北斗等导航系统，为科考船只和飞机提供精确的导航服务。

个人防护装备

防寒服装：包括羽绒服、特制面料制作的服装以及连体防寒服、防水服等，用于抵御南极的严寒和风雪。

LYGU 0002080

LYGU 0002 09

安全设备：如冰镐、冰爪、结组绳索等，用于在冰面上行走和作业时的安全防护。

综上所述，南极科考中使用的设备种类繁多且功能强大，它们共同构成了南极科考的重要支撑体系。这些设备的应用不仅提高了科考的效率和准确性，也推动了南极科学研究的深入发展。